JN051582

浄化槽
設備士試験

改訂**2**版

奥村章典・山田信亮
打矢瀅二・今野祐二　［共著］

Ohmsha

改訂2版の発行にあたって

　日本国憲法第22条では「職業選択の自由」が保障されていますが、その職業の中には資格がないとできない職業があります。その一つに「浄化槽設備士」が含まれており、この資格を取得するには浄化槽設備士試験に合格し、国土交通大臣から「浄化槽設備士免状」を交付されなければなりません。

　実際の現場で、規模の大きな浄化槽工事を施工する場合には、土木や建築工学的知識および配管設備の知識だけではなく、浄化槽の生物化学的な機能に関する知識など多くの知識を必要とするので浄化槽設備士という国家資格が創設されたのです。浄化槽法第29条では、浄化槽工事事業者は、営業所ごとに「浄化槽設備士」を置かなければならず、浄化槽工事を行うときには監督者としてその任に当たることが義務付けられています。

　浄化槽設備士試験は、第一回目が1985年6月に実施されて以降、試験問題に関しては一切公表されていませんでしたが、受験者の皆様のために何とかしたいと思い、問題の復元に努め、「類似の予想問題」を掲載した『浄化槽設備士　実戦攻略』（1997年2月発行）および、『浄化槽設備士試験　完全対策』（2002年10月発行）を発行しました（ともにオーム社）。さらには、試験問題が公表されるようになって以降、実際の試験問題をもとに、出題のパターンとポイントを編集し直し『これだけマスター　浄化槽設備士試験』（2014年3月発行）をオーム社より発行しました。読者のご要望にお応えし、初版発行から7年経ちましたので更なる分析等を行い出題傾向の多い問題を精選し、この度、改訂版を発行いたします。

　最後に、本書の執筆に当たり諸先生方の文献・資料を引用させて頂きましたことを、紙上を借りて御礼申し上げます。また、オーム社の方々には、なみなみならぬご協力とご援助をいただきましたことを感謝申し上げます。

2021年2月

著者らしるす

目　次

5章 ▶ **実地試験－施工管理法－**

受験ガイド

浄化槽設備士試験は，公財団法人日本環境整備教育センターが，浄化槽法の規定に基づいて実施している．試験の合格者には，国土交通大臣から「浄化槽設備士免状」が交付される．

浄化槽法　制定　昭和58年5月18日　法律第43号

浄化槽法　制定　平成2年6月29日　　法律第61号

浄化槽法第29条では，浄化槽工事業者は営業所ごとに「浄化槽設備士」を置かなければならず，浄化槽工事業者が浄化槽工事を行うときは，「浄化槽設備士」が実地に監督者として当たらなければならないと規定されている．

1 浄化槽設備士となるために

「浄化槽設備士」は，浄化槽工事を実地に監督する者として，浄化槽法第42条

浄化槽設備士免状取得フロー図

◆浄化槽設備士試験◆	◆浄化槽設備士認定講習◆
受験資格 ■学歴 ■実務経験年数	**受講資格** ■1級又は2級管工事施工管理技士の資格を有する者
受験申請の受付期間・提出先 ■毎年4月の上旬〜5月の中旬 ■提出先：(公財)日本環境設備教育センター　国家試験係	**受講申請の受付期間・提出先** ■地域により異なるため実施団体のホームページを参照
浄化槽設備士試験日・試験地 ■毎年7月の上旬（日曜日） ■試験地：宮城県・東京都・愛知県・大阪府・福岡県	**浄化槽設備士認定講習地** ■講習地：宮城県・東京都・愛知県・大阪府・福岡県 ■講習日・その他：地域により異なるため実施団体のホームページを参照
合格発表 ■9月中旬（不合格者にも通知あり）	**講習（5日間）** ■講習終了後，効果評定試験あり

免状交付申請手続き
■国土交通省の地方整備局長に「浄化槽設備士免状交付申請書」を提出する．（申請書は合格通知の際に連絡あり）

◆浄化設備士免状・浄化槽設備士証の交付◆

第1項の浄化槽設備士免状の交付を受けている者のことをいい，交付を受けるには，次に示す2種類の方法がある．

① 「浄化槽設備士」の試験に合格する
② 公益財団法人 日本環境整備教育センター（指定講習機関）の37時間（5日間）の講習課程を修了する

2 浄化槽設備士試験の概要

1. 試　験　地

宮城県，東京都，愛知県，大阪府，福岡県

2. 試　験　日　時

毎年7月上旬の日曜日（午前10時～午後3時）

3. 内　　　容

表1　試験区分・試験科目・基準・科目内容一覧表

試験区分	試験科目	試験基準	主な科目の内容
学科試験	機械工学・衛生工学等	1）浄化槽工事を行うために必要な機械工学，衛生工学，電気工学及び建築学の知識がある 2）設計図書を読み取る知識がある	◆腐食・機器・換気・騒音・流体等 ◆水と環境・水質汚濁・上下水道施設・給排水衛生設備等 ◆電気設備・電気の基礎・電動機等 ◆建築材料・建築構造力学・建築構造等 ◆請負契約約款・契約書・設計図書等
	汚水処理法等	1）汚水の処理方法に関する知識がある 2）浄化槽の構造と機能に関する知識がある	◆汚水処理の原理・汚泥の処分・汚水処理方法等 ◆浄化槽の機能・計画と設計・保守管理等
	施工管理法	1）浄化槽工事施工計画の作成方法及び工程管理・品質管理・安全管理などの工事施工の管理方法について知識がある	◆仮設計画・労務管理・資材計画・機材の発注・搬入計画・申請・届出等 ◆ネットワーク手法・工程計画・各種工程表等 ◆用語・抜取検査等 ◆各種工事の安全作業・安全衛生管理体制・労働災害安全管理の進め方等 ◆設備工事・配管工事・電気工事・試運転調整・土木工事・地業工事・コンクリート工事・機器据付け・材料等
	法　規	1）浄化槽工事に必要な法令についての知識がある	◆浄化槽法・建築基準法・建設業法・下水道法・労働安全衛生法・日本工業規格・水質汚濁防止法・廃棄物の処理と清掃等
実地試験	施工管理法	1）設計図書の性能を正確に理解し，浄化槽の施工図を作成し，必要な機材の選定，配置等ができる応用能力がある	◆浄化槽工事の施工計画・工程管理・品質管理・安全管理等の実地施工例を記述する

学科試験と実地試験は，表1のような内容で行われている．

4. 受験資格

受験資格は，次の ①，②，③ のいずれかに該当する者となる．

① 学歴と必要な実務経験年数に該当する者の場合

表2　学歴と必要な実務経験年数

学　　　歴	浄化槽工事に関する必要な実務経験年数	
	指定学科	指定学科以外
大学または旧大学の卒業者	卒業後　1年以上	卒業後　1年6か月以上
短期大学，高等専門学校（5年制）または旧専門学校の卒業者	卒業後　2年以上	卒業後　3年以上
高等学校，旧中等学校の卒業者	卒業後　3年以上	卒業後　4年6か月以上
上記以外	8年以上	

(注1) 卒業証明書は，受験資格に直接関係のある最終学歴のものの提出となる．
(注2) 指定学科は，省令で定めているもので，土木工学，都市工学，衛生工学，電気工学，機械工学または建築学の学科をいう．
(注3) 「実務経験年数」とは「浄化槽設備工事又はその構造若しくは規模の変更工事」における現場経験のことで，浄化槽の販売，保守点検，清掃並びに指導，教育，研究等の業務は入らない．

② 建設業法による1級または2級管工事施工管理技術検定に合格した者

③ 職業能力開発促進法（旧職業訓練法）による技能検定のうち検定職種を1級または2級配管（建築配管作業）とするものに合格した者．ただし，16年度以降に2級配管（建築配管作業）に合格したものは，同種目に関し4年以上の実務経験を有する者

5. 受験申請書（参考）

浄化槽設備士試験 写真票		※試験地	※受験番号		写真貼付欄 縦5.5cm 横4.0cm （脱帽・正面上半身のもの） 1．全面のりづけ 2．撮影後6ヵ月以内 3．写真の裏面に試験希望地，氏名を記入すること． 4．ポラロイド写真，スナップ写真，サングラス着用のもの，不鮮明なもの等受講者と確認しにくいものは無効です． 　年　月　日撮影
フリガナ				性 男 別 女	
氏　名					
生年月日	昭和 平成　　年　月　日生		本籍地	都・道 府・県	
現住所	（〒　－　　）		（TEL　－　－　）		
勤務先の名称					
所在地	（〒　－　　）		（TEL　－　－　）		

浄化槽設備士試験 受験申請書

浄化槽設備士試験を受験したいので下記のとおり申請します。

公益財団法人日本環境整備教育センター　　　　　　　　　　　年　月　日
理　事　長　殿

試験希望地	

フリガナ 氏　名		性別	男 女	生年月日	昭和 平成	年　月　日生	本籍地	都・道府・県

| フリガナ 現住所 | (〒　－　　) 都・道府・県 | | | (TEL　－　　－　　) | | | | |

| 勤　務　先 | | | | | | | | |

| 勤務先所在地 | (〒　－　　) 都・道府・県 | | | (TEL　－　　－　　) | | | | |

最終学歴及びその一つ前の学歴	学校・学部名	学科名	在　学　期　間 (修　業　年　数)	新制・旧制の別 卒業・修了の別
			S H R　年　月 ～　年　月 (　年　ヵ月)	新制・旧制 卒業・修了
			S H R　年　月 ～　年　月 (　年　ヵ月)	新制・旧制 卒業・修了

受験資格に直接関係にある検定	名　　称	検定に合格した年月日	備考(合格証明書番号)
		S・H・R　年　月　日	
		S・H・R　年　月　日	

※番　号	

浄化槽設備士試験　実務経験証明書

下記の受験申請者の実務経験の内容は、下記のとおりであることを証明します。

国土交通大臣　殿　　　　　証明者 会社又は事業所名
　年　月　日　　　　　　　　　　　所　在　地
　　　　　　　　　　　　　　　　　職　名
　　　　　　　　　　　　　　　　　氏　名　　　　　　　　　印

受験申請者	フリガナ 氏　名		生年月日	年　月　日生	証明者との関係	

実務経験	事業者名	事業所所在地	実　務　経　験　年　数 年・月 ～ 年・月 (　年・ヵ月)	実務経験の内容
			・　～　・　(　・　)	
			・　～　・　(　・　)	
			・　～　・　(　・　)	
			・　～　・　(　・　)	
			・　～　・　(　・　)	
	計		・　～　・　(　・　)	

備考: 1.　※印のある欄には、記載しないこと。
　　　2.「本籍」の欄には、都道府県名を記載すること。ただし、日本の国籍を有しない者にあっては、その者の有する国籍を記載すること。

誓　約:上記の記載事項及び実務経験証明書の内容が事実と相違する場合は、合格を取り消されても
　　　　異存ないことを誓約します。

　　　　　　　　　　　　　　　　　　　　　　　氏名　　　　　　　　印

3 ▶ 浄化槽設備士認定講習

　浄化槽設備士の取得には，二つの方法があります．「浄化槽設備士の試験に合格する」という方法，または「浄化槽設備士講習の全課程を修了する」という方法です．試験合格者および講習全課程修了者は，免状交付申請の手続きを行うことで，国土交通大臣から「浄化槽設備士免状」が公布されます．

1. 講習受講地および申込み・問合せ

① 講習受験地：宮城県，東京都，愛知県，大阪府，福岡県

② 申込み・問合せ

宮城県：公益社団法人　宮城県生活環境事業協会

東京都：公益社団法人　日本環境整備教育センター

愛知県：一般社団法人　愛知県浄化槽協会

大阪府：一般社団法人　大阪府環境水質指導協会

福岡県：一般財団法人　福岡県浄化槽協会

2. 講習受講資格

1級または2級管工事施工管理技士の資格を有する者

3. 講習内容

① 講習日程：地域により異なるので，詳細は実施団体のホームページを参照する．

② 講習時間：37時間（5日間）

③ 講習科目と講習時間

講習科目	講習時間
1) 浄化槽概論	8 時間
2) 法 規	3 時間
3) 浄化槽の構造および機能	15 時間
4) 浄化槽施工管理法	8 時間
5) 浄化槽の保守点検および清掃概論	3 時間
計	37 時間

（注1）浄化槽管理士の資格を有する者は，講習科目の一部免除制度がある．
（注2）講習終了後 1)～5) までの範囲で効果評定試験がある．

4. 合格発表

9月中旬

受験に関する問い合わせ先

公益財団法人　日本環境整備教育センター　国家試験係

〒130-0024　東京都墨田区菊川 2-23-3

TEL：03-3635-4881　https://www.jeces.or.jp

1章 機械工学・衛生工学等

本章は機械工学，衛生工学，電気工学，建築学，設計図書の五つの単元に分類されている．

【出題傾向】

◎よく出るテーマ

1 機械工学からは，流体の基礎事項やポンプに関する問題，換気などについてよく出題されている．

2 衛生工学からは，富栄養化や水質汚濁に関する問題，BOD 濃度の計算が出題されている．

3 電気工学からは，電線の電圧降下，三相誘導電動機の保護回路に関する問題などがよく出題されている．

4 建築学からは，鉄筋コンクリートに関する問題や梁の曲げモーメント図がよく出題されている．

5 設計図書からは，公共工事標準請負契約約款から出題されている．出題範囲は広いが，問題を熟読するとわかるであろう．

1 流体力学

1. 流体の性質

① 流体の密度・比体積

単位体積当たりの質量を示したものを密度 ρ〔kg/m³〕といい，その逆数を比体積 v〔m³/kg〕という．水の密度は 4℃付近が最大で 1 000 kg/m³ となる．流体の体積は，温度の上昇に伴い増加する傾向にある．

② 流体の圧縮性

液体（水など）は，**非圧縮性流体**，気体（空気など）は，**圧縮性流体**として取り扱う．

③ 表面張力と毛管現象

表面張力は，液体の分子間の引力により，液体表面が収縮しようとする力をいう．また，毛管現象は，液体を細い管の中入れると管内の液面が上昇あるいは下降する現象をいう．毛管現象も液体分子と固体分子との接触面での付着力と，表面張力が働くため生じる現象である．

④ 流体の粘性

粘性とは，運動している流体には，分子の混合および分子間の引力が，流体相互間または流体と固体の間に生じ，**流体の運動を妨げる抵抗力（摩擦応力）**のことである．流体の粘性による影響は，流体が接する壁面近くで顕著に現れる．この粘性の大きさを表したものを粘性係数 μ といい，流体運動における粘性の影響を比較する場合は，**動粘性係数（動粘度）** ν が用いられる．

なお，給水設備における水は，**非粘性で非圧縮性の流体**として取り扱う．

2. 流体の運動

① レイノルズ数

レイノルズ数は，管内を流れる流体が層流か乱流かを判定するのに用いられる．層流とは，流体分子が規則正しく層をした流れをいい，乱流とは，流体分子が不規則に入り混じった流れをいう．レイノルズ数 Re は**慣性力と粘性力の比**を表したもので，流速 v〔m/s〕，管径 d〔m〕，動粘性係数 ν〔m²/s〕とすると，$Re = vd/\nu$ の関係となる．Re が大きくなると乱流，小さくなると層流に近づくことになる．

3．連続の法則

　管内を流体が定常流で流れているときは，単位時間に流れる質量はどの断面積においても一定である（**質量保存則**）．これを連続の法則という．図1・1においては次式（**連続の式**）が成り立つ．

$$Q = A_1 v_1 = A_2 v_2 = 一定$$

　ここに，Q：流量〔m³/s〕，A：断面積〔m²〕，v：流速〔m/s〕

　定常流とは，管内を流体が流れるとき，流体内の各点の状態（流速，圧力，密度など）が時間とともに変化しない流れをいう．

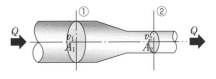

図1・1　連続の式

4．ベルヌーイの定理

　ベルヌーイの定理は，流体におけるエネルギー保存則を示したものである．非圧縮性で粘性を考慮しない流体（**完全流体**）の定常流において重力以外に外力が働かない場合，流体のもっている**運動エネルギー**，**位置エネルギー**および**圧力エネルギー**の総和は，流線に沿って一定であることを表している．図1・2に示すような断面と高さが変化する流管においては次式（**ベルヌーイの式**）が成り立つ．

$$\frac{1}{2}\rho_1 v_1^2 + p_1 + \rho_1 g h_1 = \frac{1}{2}\rho_2 v_2^2 + p_2 + \rho_2 g h_2 = 一定〔Pa〕$$

　ここに，v：流速〔m/s〕，g：重力加速度〔m/s²〕（$\fallingdotseq 9.8\,\mathrm{m/s^2}$），$h$：基準面から流心までの高さ〔m〕，$p$：圧力〔Pa〕，$\rho$：流体の密度〔kg/m³〕

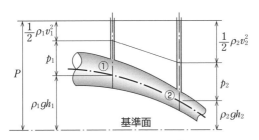

図1・2　ベルヌーイの式

5．ピトー管

　流速を測定する計器で，図1・3のように一定の水平管にピトー管を挿入し，全圧（P_t）と静圧（P_s）の差，つまり，**動圧**（P_d）を測定する．

その動圧は

$$P_\mathrm{d} = P_\mathrm{t} - P_\mathrm{s} = \frac{1}{2}\rho v^2$$

と表すことができ，この式より**流速 v〔m/s〕**を求めることができる．

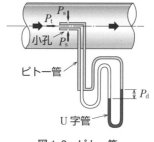

図1·3　ピトー管

6. 直管路の摩擦損失（圧力損失）

　図1·4のように水平に置かれている直管路内に流体が流れるとき，粘性による流体間の摩擦や流体と管内壁面との摩擦により，エネルギー損失が生じる．これを摩擦損失（圧力損失）といい，次式（**ダルシー・ワイスバッハの式**）で表すことができる．

$$\Delta p = \lambda \frac{l}{d} \cdot \frac{1}{2}\rho v^2$$

　ここに，Δp：圧力損失〔Pa〕，λ：管摩擦係数，l：管長〔m〕，d：管径〔m〕，v：流速〔m/s〕，ρ：流体の密度〔kg/m³〕

　したがって，直管路における圧力損失は，① 管長に比例，② 管径に反比例，③ 密度に比例，④ 流速の2乗に比例，⑤ 動圧（$1/2\rho v^2$）に比例する．

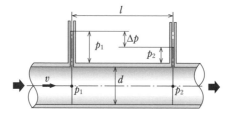

図1·4　直管路の摩擦損失

7. 流体機械（ポンプ）

ポンプとは，一般に水などの液体を低い場所から高い場所へ移送する機械である．ここではポンプの基本事項について述べることにする．なお，ポンプの分類については本書 p.163 の図 3·24，表 3·7 を参照のこと．

① ポンプの原理

ポンプは吸込能力と吐出能力で示すことができる．**ポンプの吸込能力**は吸込み側を真空とし大気圧を利用している．吸込み側を完全真空にできれば，大気の圧力により 10.3 m まで（**トリチェリーの定理**により）水を吸い上げることができる．しかし，実際のポンプでは機械の構造上などにより，完全真空にできないため実際は 6 ～ 8 m ほどの吸い上げ能力となる．また，**ポンプの吐出能力**は水を押し上げる能力のことで，ポンプの機械的仕事により圧力を加えて配管内の水を流す役割を果たしている．

② ポンプの性能の表し方

ポンプ性能は，**吐出量（水量）**，**揚程**，**動力**などで表す．吐出量はポンプが単位時間当たりに吐出す水量で，単位は m^3/s，m^3/min，L/s，L/min などで示される．

●ポンプの揚程（実揚程・全揚程）

ポンプの揚程とは，どれくらいの高さを吸い上げるか，あるいは押し上げるかを表したもので，水頭の単位 m や圧力の単位 Pa で示される．

図 1·5 のような場合，実揚程〔m〕と全揚程〔m〕は次のようになる．

$$実揚程〔m〕= h_s + h_d$$

　　h_s：実吸い上げ揚程〔m〕

　　h_d：実押し上げ揚程〔m〕

となる．また，**全揚程 H〔m〕**は，

全揚程〔m〕

　　= 実揚程 ＋ 管路摩擦損失水頭

　　＋ 圧力水頭 ＋ 速度水頭

となる．

　・管路摩擦損失水頭〔m〕：直管・継手・弁類等の摩擦損失水頭である．

　・圧力水頭〔m〕：吸水面に加わる

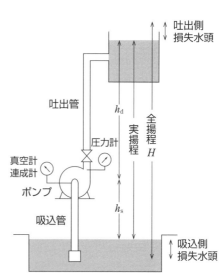

図 1·5　ポンプの揚程

大気圧，吐出水面に加わる大気圧の差である．一般にはどちらにも同等の大気圧が加わっているので無視してもよい．

・**速度水頭**〔m〕：吸込管端と吐出管端の速度エネルギーの差を速度水頭といい，通常は，吸込管径と吐出管径は同じ場合が多いので速度水頭はゼロとしてもよい．

●**ポンプの動力**

ポンプの全揚程を H〔m〕，流量を Q〔m^3/s〕とすると，ポンプが流体に与えるエネルギーの大きさを**水動力 Lw**〔W〕（理論動力）といい，次式で求めることができる．

$$Lw = \rho \cdot g \cdot Q \cdot H \ \text{〔W〕} \quad ※N \cdot m/s = W$$

ここに，ρ：密度〔kg/m^3〕，g：重力加速度〔m/s^2〕 ≒ 9.8 m/s^2

実際のポンプの運転ではポンプ内の流体摩擦，軸受けの摩擦などによる動力損失があるため理論動力より大きな動力が必要となる．この実際に必要な動力を**軸動力 P**〔W〕（所要動力）といい，両者の比がポンプ効率 η〔％〕である．

$$\text{ポンプ効率 } \eta = (Lw/P) \times 100$$

ポンプ効率はポンプの形式，吐出量などで異なり 60 〜 80% 程度となる．

●**ポンプの性能曲線と相似則**

ポンプの性能は，一定回転数において横軸に吐出量 Q を，縦軸にポンプの揚程 H，軸動力 P，効率 η をとった性能曲線で表す（図1·6）．

また，相似な遠心ポンプ間では回転数 N，流量 Q，揚程 H，所要動力 P の間に次の関係が成り立つ（ポンプの相似則）．

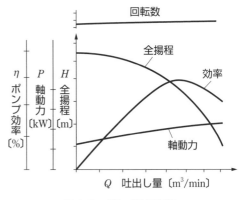

図1·6　ポンプ性能曲線

・水量と回転数：$Q_1/Q_2 = N_1/N_2$
・揚程と回転数：$H_1/H_2 = N_1^2/N_2^2$
・所要動力と回転数：$P_1/P_2 = N_1^3/N_2^3$

2 換　　気

換気方式には**自然換気方式**と**機械換気方式**がある．自然換気方式は，機械の力は使わず，自然風によって生ずる圧力差を利用した**風力換気**と，建物内外の温度

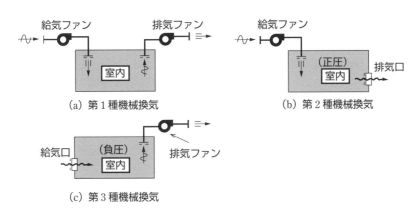

図 1·7　機械換気方式の種類

差によって生ずる空気密度の差（浮力）を利用した**温度差換気**がある．

　機械換気方式は，送風機などを利用して強制的に換気を行うもので，次のような方法がある．

1. 第 1 種機械換気

　給気側と排気側にそれぞれ送風機を設ける方式である．**給気ファンと排気ファンを設けるので，確実な換気を行うことができる．**また，給気ファンの送風量と排気ファンの送風量の調整により室圧を正圧または負圧に保つことができる．人が多数集まる集会場や映画館，地下室，屋内駐車場，厨房などに適している．

2. 第 2 種機械換気

　給気側のみに送風機を設け，排気側は自然排気で行う方式である．排気口は壁面などに排気ガラリ等を設ける．給気ファンのみを設けるので，室圧は正圧となる．**室外からの汚染物質等の侵入を防ぎたい室**や，室内にボイラーがある機械室などに適している．

3. 第 3 種機械換気

　排気側にのみ送風機を設け，給気側は自然給気で行う方式である．給気口は壁面などに給気ガラリ等を設ける．排気ファンのみ設けるので，室内は負圧となる．臭気や水蒸気等が発生する室の換気など，**室内空気を室外に拡散させたくない室**に適している．排気ファンにダクトを設ける場合は汚染空気の漏洩を考慮して排気口の近くに送風機を設ける．

3 腐　　　食

1. イオン化傾向と腐食

　亜鉛や鉄などイオン化傾向が大きい金属は，電気化学的腐食を起こしやすい．イオン化傾向が小さいニッケルやステンレス（鉄にクロムやニッケルなどを添加した特殊鋼）などは一般に腐食しにくい．

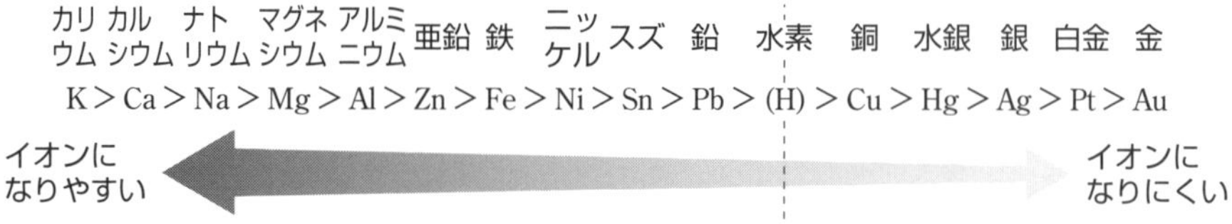

| カリ
ウム | カル
シウム | ナト
リウム | マグネ
シウム | アルミ
ニウム | 亜鉛 | 鉄 | ニッ
ケル | スズ | 鉛 | 水素 | 銅 | 水銀 | 銀 | 白金 | 金 |

$$K > Ca > Na > Mg > Al > Zn > Fe > Ni > Sn > Pb > (H) > Cu > Hg > Ag > Pt > Au$$

イオンに
なりやすい　　　　　　　　　　　　　　　　　　　　　　　　　イオンに
なりにくい

図 1・8　金属のイオン化傾向

2. 温度と腐食

　配管システムが開放系の場合，水温が 10℃ 上昇すると腐食速度は約 2 倍になり，80℃ までは水温と共に増大する．水温 80℃ を超えると水温の上昇に伴って小さくなる．

3. 電　　　食

　直流電気軌道（電車のレール）の近くに地中埋設された鋼管は，迷走電流による腐食が生じやすい．

4. コンクリートマクロセル腐食

　地中埋設された鋼管が鉄筋コンクリートの壁などを貫通するときに，コンクリート中の鉄筋に鋼管が接触することで，鋼管と鉄筋の間に電位差が生じて起きる腐食をいう．

5. ガルバニック腐食

　種類の異なる金属が接触した場合にイオン化傾向の大きい金属と小さい金属との間に電位差が生じて電池（ガルバニ電池）が形成され，電流が流れて生じる腐食をいう．異種金属接触腐食，電界腐食ともいう．

問題 1 　流体力学

流体に関する次の記述のうち，**最も不適当なもの**はどれか．

(1) 給水設備における水は，粘性・非圧縮性の流体として扱われる．
(2) 層流とは，流体粒子が流線に沿って乱れることなく流れることをいう．
(3) 流体には，エネルギー保存の法則が成り立つ．
(4) レイノルズ数は，流体の流れが層流であるか乱流であるかを判定するために用いられる．

解説 給水設備における水は，非粘性で非圧縮性の流体として扱う．　　　解答▶ (1)

問題 2 　流体力学

流体に関する次の記述のうち，**最も不適当なもの**はどれか．

(1) 液体における慣性力と粘性力を掛け合わせた値をレイノルズ数として表す．
(2) 管内の水の速度測定に使用される標準型ピトー管は，空気の流速にも使用できる．
(3) 管の一部を絞ることで流量測定を行う装置をベンチュリ管という．
(4) 流体が有する力学的エネルギーは，運動，位置，圧力の3つのエネルギーで表される．

解説 レイノルズ数は，流体における慣性力を粘性力で除した値で表す．　　　解答▶ (1)

レイノルズ数 Re は，管内を流れる流体が層流か乱流かを判定するのに用いられる．Re は流速だけでなく管径や流体の粘性などで決まり，次式で求められる．

$$Re = vd/v$$

ここに，v：流速，d：管径，v：動粘性係数

問題3　流体力学

内径 3.0 cm のホースから流速 4.0 m/s で水をまく時の流量として，**最も近い値**は次のうちどれか．ただし，円周率 π を 3.14 とする．

(1)　0.28 m³/s
(2)　1.13 m³/s
(3)　0.0028 m³/s
(4)　0.0113 m³/s

解説　ホースから流出する流量は，ホース流出口の断面積 A〔m²〕，流速 v〔m/s〕とすると，次の連続の式で求めることができる．内径 3.0 cm ＝ 0.03 m，流速 4.0 m/s として計算すると（断面積＝半径² × π），

$$Q = A \cdot v = 0.015 \times 0.015 \times 3.14 \times 4 = 0.0028 \, 〔m^3/s〕$$

となる．　　　　　　　　　　　　　　　　　　　　　　　　　　　　　　**解答▶(3)**

問題4　流体力学

流体に関する次の記述のうち，**最も不適当なもの**はどれか．

(1)　ベルヌーイの定理とは，流体におけるエネルギー保存則を示したものである．
(2)　ベルヌーイの定理には，剛体のエネルギー保存則にはない圧力エネルギーが含まれている．
(3)　ベルヌーイの定理は，重力以外に外力が働かない場合，完全流体の定常流において，流線に沿ったエネルギーが一定であることを表している．
(4)　完全流体とは，圧縮性があり，粘性を考慮しない流体をいう．

解説　完全流体とは，非圧縮性で粘性を考慮しない流体のことである．　　**解答▶(4)**

マスター Point　●ベルヌーイの式●

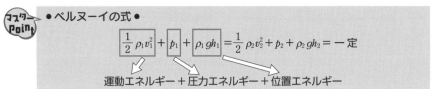

$$\frac{1}{2}\rho_1 v_1^2 + p_1 + \rho_1 g h_1 = \frac{1}{2}\rho_2 v_2^2 + p_2 + \rho_2 g h_2 = 一定$$

運動エネルギー＋圧力エネルギー＋位置エネルギー

問題 5 流体力学

　水平管中に流体が流れている場合の，圧力の測定方法の組合せとして，**適当な ものはどれか**．ただし，図中の矢印は，流れの方向を示す．

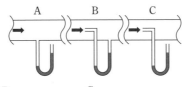

	A	B	C
(1)	全　圧	動　圧	静　圧
(2)	動　圧	静　圧	全　圧
(3)	静　圧	全　圧	動　圧
(4)	静　圧	動　圧	全　圧

解説 図中の A は管内壁面に働く圧力なので「静圧」，C は流速による圧力「動圧」と管内 壁面に働く圧力「静圧」の和で「全圧」となる．B は「全圧」から「静圧」を差し引いたもの なので「動圧」となる． 解答 ▶ (4)

問題 6 流体力学

　直管路の圧力損失に関する次の記述のうち，**適当でないもの**はどれか．
(1)　圧力損失は，流速の 2 乗に比例する．
(2)　圧力損失は，管径に反比例する．
(3)　圧力損失は，管摩擦係数に比例する．
(4)　圧力損失は，静圧の 2 乗に反比例する．

解説 直管路の圧力損失 Δp〔Pa〕は，ダルシー・ワイスバッハの式による．

$$\Delta p = \lambda \frac{l}{d} \cdot \frac{1}{2} \rho v^2$$

ここに，λ は管摩擦係数，l は管長〔m〕，d は管径〔m〕，v は流速〔m/s〕，ρ は流体の密度 〔kg/m³〕

よって，圧力損失は静圧とは関係ない． 解答 ▶ (4)

問題7　流体力学

　配管内を水が満たされた状態で流れている場合の損失水頭に関する次の記述のうち，**最も不適当なもの**はどれか.

(1)　管の内径が小さいほど，損失水頭は小さくなる.

(2)　管の長さが長いほど，損失水頭は大きくなる.

(3)　管の内径が滑らかなほど，損失水頭は小さくなる.

(4)　管の曲がりの箇所が多いほど，損失水頭は大きくなる.

解説　管の内径が小さいほど，損失水頭は大きくなる. 直管路の損失水頭（圧力損失）については，問題6の解説を参照のこと.　　　　　　　　　　　　　　　　　**解答▶(1)**

問題8　流体力学（ポンプ）

　ポンプに関する次の記述のうち，**最も不適当なもの**はどれか.

(1)　ポンプにより発生する送水圧力を全揚程という.

(2)　ポンプを運転するために必要な動力は，吐出し量，全揚程，流体の速度から求められる.

(3)　水面より高い位置に設置したポンプが水を吸い上げることができるのは，水面に大気圧が作用しているためである.

(4)　キャビテーションが生じた状態でポンプを運転すると，エロージョンを起こす原因となる.

解説　ポンプを運転するために必要な動力（軸動力，所要動力ともいう）は，吐出し量，全揚程，流体の速度，ポンプ効率から求める.　　　　　　　　　　　　**解答▶(2)**

マスターPoint　吐出し量，全揚程，流体の速度から求められるのは水動力（理論動力）である.

問題9 流体力学（ポンプ）

ポンプに関する次の記述のうち，**最も不適切なもの**はどれか．

(1) ポンプの口径とは，吸込み口では内径を，吐出し口では外径をいう．

(2) 容積ポンプとは，薬液の定量注入などに用いる．

(3) 揚水量とは，ポンプが単位時間に吸い上げ可能な水量をいう．

(4) ターボポンプとは，ケーシング内で羽根車を回転させることで，液体にエネルギーを与える構造のものをいう．

解説 ポンプの口径とは，吸込み口及び吐出し口のどちらも内径を表している．

解答▶(1)

問題10 流体力学（ポンプ）

水槽Ⅰから水槽Ⅱに槽内水を移送している下図におけるポンプの実揚程の計算式として，**最も適当なもの**は次のうちどれか．

(1) A − B + C + D + E

(2) − A + B + D + E

(3) − B + C + D + E

(4) − A + C + D + E

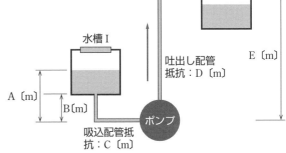

解説 ポンプの実揚程〔m〕は，ポンプが水槽Ⅱの吐水口から流出させるために必要な圧力なので，設問の図の実揚程〔m〕はE−Aの高さ〔m〕に吸込配管抵抗C＋吐出し配管抵抗Dを加えた揚程（水頭）が必要となる．よって，(4)が正答となる．

解答▶(4)

問題⑪　換気設備

　換気に関する文中，[　　　　　]内に当てはまる語句の組合せとして，**適当なも**のはどれか.

　[　A　]機械換気方式は[　B　]側にだけ送風機を設けて，室内を負圧にして換気するもので，臭気や水蒸気などを室外に拡散させたくない場合に有効である.

	A	B
(1)	第 2 種	給　気
(2)	第 2 種	排　気
(3)	第 3 種	給　気
(4)	第 3 種	排　気

解説　臭気や水蒸気などを室外に拡散させたくない室は，室内を負圧しておく必要がある.このような室の換気には第 3 種機械換気方式が適している.　　　　**解答▶(4)**

問題⑫　換　気

　換気に関する次の記述のうち，**最も不適当なもの**はどれか.
(1)　自然換気は，風力または温度差による浮力によって室内の空気を換気する方式である.
(2)　第 1 種機械換気は，排気側のみに送風機を設けて換気する方式である.
(3)　第 2 種機械換気は，ボイラー室など燃焼空気が必要な場合に利用される.
(4)　第 3 種機械換気は，室内で発生する臭気や水蒸気を室外に拡散させたくない場合に有効である.

解説　第 1 種機械換気は，給気側と排気側にそれぞれ送風機を設ける方式で確実な換気が可能となる.　　　　**解答▶(2)**

●機械換気と用途室●
機械換気の方式には，第 1 種から第 3 種までであり，それぞれの用途室は以下の通りである.
・第 1 種機械換気方式：集会場，映画館，地下室，屋内駐車場，厨房など
・第 2 種機械換気方式：ボイラー室，手術室など
・第 3 種機械換気方式：便所，実験室，倉庫，浴室など

問題⓭ 換 気

換気に関する次の記述のうち，**最も不適当なもの**はどれか．

(1) 換気方式には機械換気と自然換気があり，換気量の確保が確実な方法は機械換気である．

(2) 機械換気には送風機の設置位置により3種類の方式があり，方式によって室内の圧力バランスを変えることが可能である．

(3) 第1種機械換気方式は，給気と排気をともに送風機によって機械的に行う方式である．

(4) 第3種機械換気方式は，給気側に送風機を設置し，排気側は自然排気とする方式である．

解説 第3種機械換気方式は，排気側のみに送風機を設置し，給気側は自然給気とする方式である．給気側に送風機を設置し，排気側は自然排気とする方式は第2種機械換気方式である．

解答 ▶ (4)

問題⓮ 腐 食

金属の腐食に関する次の記述のうち，**適当でないもの**はどれか．

(1) 電気化学的腐食においては，陽極となる金属が腐食する．

(2) 銅は鉄に比べてイオン化傾向が大きく，腐食しやすい．

(3) 鋼管の腐食速度は，管内を流れる水の温度により異なる．

(4) 直流電気軌道の近くに埋設された鋼管は，迷走電流により腐食することがある．

解説 銅は鉄に比べてイオン化傾向が小さいので腐食しにくい．

解答 ▶ (2)

1・2 衛生工学

1 水質汚濁

1. 環境基本法

環境基本法第 16 条に，政府は，大気の汚染，水質の汚濁，土壌の汚染および騒音に係る環境上の条件について，**人の健康の保護に関する環境基準**と，レクリエーション活動・水道・工業用水・漁業・農業などに影響を及ぼす主として**有機汚濁物質**を対象とした，**生活環境の保全に関する環境基準**に分けて設定するとされている．

2. 水質汚濁

水質汚濁とは，海・河川・湖沼などの水質が悪くなることをいう．

生活排水が，河川などの水域に放流されると，その中に含まれる有機物質が，微生物の働きによって生物化学的に**酸化分解**されるが，その際に水中の**溶存酸素が消費**される．酸素の消費が補給を上回ると，**溶存酸素は減少**し，最終的には**嫌気性状態**になる．

3. 富栄養化

富栄養化とは，海・河川・湖沼などの水域が，貧栄養状態から富栄養状態へと移る現象をいう．

富栄養湖では，透明度が 5 m 以下で，底生動物は**酸素不足に耐えられる種類**であり，植物プランクトン量が**豊富**な状態を示す．富栄養化が進むと，**窒素やリンの濃度が増加**したり，**プランクトンの量が増加**する．ただし，**水の透明度は減少**する．

4. 自浄作用

自浄作用とは，海・河川・湖沼などに入った汚濁物質が，沈殿したり微生物によって分解したりして自然に浄化されることをいう．

また，自浄作用について次のことがいえる．

・沈殿による自浄作用では，浮遊物質同士の凝集作用も効果を高める．

・有機性汚濁物質の好気性分解による自浄作用では，BOD の減少が自浄作用の指標となる（BOD については p. 18 の 2 項「BOD 除去率」参照）．

河川，湖沼等の水系に流入した汚濁物質が受ける主な自浄作用として，次の 4 点が挙げられる．

① 蒸発作用を受けて，汚濁物質の濃度が高くなる．
② 移流や沈殿作用により，水系から汚濁物質が移動していく．
③ 生物・化学作用を受けて汚濁物質が分解され，安定化していく．
④ 希釈や拡散現象により，汚濁物質の濃度が減じていく．

5. 食物連鎖

食物連鎖とは，自然界における生物が，食うか食われるかの関係で鎖状につながっていることである．

汚水の生物処理における食物連鎖の順序は，次のようになる．

$$\boxed{\text{有機汚濁物質}} \rightarrow \boxed{\text{細菌}} \rightarrow \boxed{\text{原生動物}} \rightarrow \boxed{\text{微小後生動物}}$$

6. 水の化学的性質（pH）

pH は，水素イオン濃度を示す指標であり，水素イオン濃度の逆数の常用対数をとり，指数の正数で示したものである．

$$\text{pH} = \log_{10}\frac{1}{[\text{H}^+]} = -\log_{10}[\text{H}^+]$$

純水は水素イオンと水酸イオン（水酸化物イオン）の両イオン濃度が等しい中性であり，pH = 7 で示される．

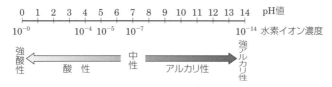

図1·9　水素イオン濃度と pH との関係

例えば，pH 値が 6 の場合は，水素イオン濃度のほうが高く，酸性である．

水素イオン濃度が高くなるほど（酸性に傾くほど），pH 値は小さくなる．

水が酸性になるのは，水中の水素イオン（H⁺）のためで，その強さは水素イオン濃度〔mol/l〕で表す．一方，水がアルカリ性になるのは，水酸イオン（OH⁻）のためで，その強さは水酸イオン濃度〔mol/l〕で表す．

▶▶▶関連事項

一般的に地下水は**酸性である**場合が多く，表流水はアルカリ性である場合が多い．ただし，地下水の場合，汲み上げられ，**大気中に放置されるとアルカリ性と**なる．

2 ▶BOD 除去率

1．水質に関する用語

● **BOD**（**生物化学的酸素要求量**：Biochemical Oxygen Demand）

　汚水中の不安定な腐敗性物質（有機物質）が，水中の酸素を吸収しながら，より安定な物質（無機物質）またはガスに変わるのに消費される酸素の量をいう．

● **COD**（**化学的酸素要求量**：Chemical Oxygen Demand）

　汚水中に含まれる有機物質および無機性亜酸化物の量を示す指標である．

● **DO**（**溶存酸素**：Dissolved Oxygen）

　水中に溶解している酸素量を ppm で表したもので，汚濁物質の直接酸化，生物化学的に有機汚染物質を浄化する微生物の繁殖，水中生物の生息に不可欠なものである．

● **SS**（**浮遊物質**：Suspended Solids）

　粒径 2 mm 以下の水に溶けない物質のことで，水の汚濁度を視覚的に判断するのに利用される．

● **TOD**（**全酸素要求量**：Total Oxygen Demand）

　汚水中の被酸化性物質（炭素化合物のほか尿素やタンパク質などの化合物）を約 900℃（白金を触媒）で完全に燃焼させたとき，消費される酸素ガス量をいう．

●**フロック**（Floc）

　凝集作用によって生成した浮遊物質の集合体をいう．

2．BOD 除去率

　し尿浄化槽の性能は，BOD の除去率と放流水の BOD で表される．BOD 除去率〔％〕は，次式によって求められる．

　ちなみに，1 mg/L = 1 ppm である．

$$\text{BOD 除去率〔\%〕} = \frac{\text{流入水 BOD〔mg/L〕} - \text{放流水 BOD〔mg/L〕}}{\text{流入水 BOD〔mg/L〕}} \times 100$$

▶▶▶関連事項

　BOD を測定するには，汚水を希釈水（含有酸素量を飽和させ，水中の微生物を増殖させる）で薄め，20℃で 5 日間放置して，好気性微生物（酸素の存在下で生息する）による酸化を行わせ，その間に消費された酸素量〔mg〕を求め，BOD 値で表す．

　BOD 値が大きいと，水中の有機汚染物質による汚濁度が高いということである．

問題1 水質汚濁

水質汚濁に関する文中， ＿＿＿＿＿内に当てはまる語句の組合せとして，**最も適当なもの**はどれか．

生活排水が，河川などの水域に放流されると，その中に含まれる有機物質が，微生物の働きによって ＿＿A＿＿ に酸化分解されるが，その際に水中の溶存 ＿＿B＿＿ が消費される． ＿＿B＿＿ の消費が補給を上回ると，溶存 ＿＿B＿＿ は減少し，最終的には ＿＿C＿＿ 状態になる．

	A	B	C
(1)	生物化学的	窒　素	嫌気性
(2)	化学的	窒　素	好気性
(3)	生物化学的	酸　素	嫌気性
(4)	化学的	酸　素	好気性

解説 酸素が補給されないと，酸素が好きな好気性菌が生息せず，酸素が嫌いな嫌気性菌が生息する． 　　　　　　　　　　　　　　　　　　　　　　　　　　　　　　　解答▶ (3)

● 溶存酸素 ●
溶存酸素とは，水中に溶解している酸素量のこと．

問題2 水質汚濁

水質汚濁に係る環境基準において，人の健康の保護に関する環境基準の項目として，**誤っているもの**はどれか．
- (1) 全シアン
- (2) ジクロロメタン
- (3) 硝酸性窒素及び亜硝酸性窒素
- (4) 溶存酸素量

解説 水質汚濁に係る環境基準には，人の健康の保護に関する環境基準と生活環境の保全に関する環境基準がある．溶存酸素量は，人の健康の保護には関係ない． 　　　　解答▶ (4)

マスターPoint p.248の参考資料3. 人の健康の保護に関する環境基準を参照のこと．

問題3　富栄養化

富栄養化が進行した湖沼における変化として，**最も不適当なもの**はどれか.
(1)　表層水における溶存酸素濃度の低下
(2)　藻類の増加
(3)　透明度の低下
(4)　懸濁物質の増加

 解説 表層水における溶存酸素濃度の低下は適当ではない. 　　　　解答▶(1)

 ●光合成による酸素●
日光に当たると，光合成によって酸素濃度が高まることもある.
●富栄養化が進行すると●
・藻類や懸濁物質が増加したり，透明度が減少する.
・窒素やリンの濃度が増加したり，プランクトンの量が増加する.

問題4　汚水処理

汚水処理に関する次の記述のうち，**最も不適当なもの**はどれか.
(1)　DO とは，水中に溶解している分子状の酸素のことである.
(2)　消毒とは，処理水中の全ての細菌類が殺滅されていることである.
(3)　凝集とは，陽イオンを含む物質を添加し，負に荷電している浮遊粒子を集合させ，沈降速度を上昇させる反応である.
(4)　生物酸化とは，主として汚水中の有機物質を微生物の作用によって酸化分解させることである.

解説 汚水処理における消毒とは，処理水中の全ての細菌類が殺滅されることでなく，人体に有害な病原性微生物の死滅させ，衛生上安全な水とすることである. 　　　解答▶(2)

 ●DO（溶存酸素）とは●
水中に溶解している酸素量（水中に溶解している分子状の酸素）を ppm で表したものである.

問題5　自浄作用

　河川・湖沼等の水系に流入した汚濁物質が受ける自浄作用の説明として，**適当でないもの**はどれか．
(1)　蒸発作用を受けて，汚濁物質の濃度が減じていく．
(2)　移流や沈殿作用により，水系から汚濁物質が移動していく．
(3)　生物・化学作用を受けて汚濁物質が分解され，安定化していく．
(4)　希釈や拡散現象により，汚濁物質の濃度が減じていく．

解説　蒸発作用を受けて，汚濁物質の濃度が高くなる．　　　　　　　　　　解答 ▶ (1)

　●その他の自浄作用●
①河川に汚濁物質が連続流入した場合，河川横断面内に汚濁物質濃度が均等に分布する地点を完全混合地点と呼ぶ．
②沈殿による自浄作用では，浮遊物質同士の凝集作用も効果を高める．
③有機性汚濁物質の好気性分解による自浄作用では，BOD の減少が自浄作用の指標となる．
④有機性汚濁物質の嫌気性分解による自浄作用では，悪臭を発したり有害性を示す生成物が生じる．なお，嫌気性分解による最終生成物は，メタン（CH_4），アンモニア（NH_3），硫化水素（H_2S）などである．

問題6　自浄作用

　河川・湖沼などの水系の自浄作用に関する記述のうち，**適当でないもの**はどれか．
(1)　河川に汚濁物質が連続流入した場合，河川横断面内に汚濁物質濃度が均等に分布する地点を完全混合地点と呼ぶ．
(2)　沈殿による自浄作用では．浮遊物質同士の凝集作用も効果を高める．
(3)　有機性汚濁物質の好気性分解による自浄作用では，BOD の減少が自浄作用の指標となる．
(4)　有機性汚濁物質の嫌気性分解による自浄作用では，悪臭を発したり有害性を示す産物が少ない．

解説　嫌気性分解による自浄作用では，悪臭を発したり有害性を示す生成物が生じる．

解答 ▶ (4)

問題 7　BOD

BOD に関する次の記述のうち，**最も不適当なもの**はどれか.

(1)　BOD は，主として水中の有機物質が好気性微生物の増殖あるいは呼吸作用により酸化される際に消費する酸素量で示される.

(2)　生活排水に含まれる BOD の除去には，生物学的処理法が適用される.

(3)　未処理生活排水の BOD は，一般に COD よりも低い.

(4)　n- ヘキサン抽出物質を多く含む生活排水は，一般に BOD も高い.

解説 未処理生活排水の BOD は，一般に COD よりも<u>高い</u>.　　　　　解答▶ (3)

問題 8　BOD 除去率

浄化槽の流入水および放流水の水量，BOD 濃度が次に示す値のとき，BOD 除去率として，**最も適当なもの**はどれか.

(1)　95%
(2)　90%
(3)　85%
(4)　80%

排水の種類		水量〔m³/日〕	BOD 濃度〔mg/L〕
流入水	便所の汚水	20	260
	雑排水	60	180
放流水		80	10

解説 BOD の除去率は以下のように求められる.

流入水 BOD 負荷量〔g/日〕＝汚水量〔m³/日〕×流入水 BOD〔mg/L〕

より

流入水（便所の汚水）BOD 負荷量＝ 20 × 260 ＝ 5 200 g/日

流入水（雑排水）BOD 負荷量＝ 60 × 180 ＝ 10 800 g/日

合計流入水 BOD 負荷量＝ 5 200 ＋ 10 800 ＝ 16 000 g/日

流入水 BOD は，流入汚水量合計 80 m³/日で除すと

$$流入水 BOD = \frac{16\,000}{80} = 200 \, g/m^3 = 200 \, mg/L$$

よって，BOD 除去率の式に当てはめると

(200 − 10)÷ 200 ＝ 0.95 ⇨ 95%　　　　　解答▶ (1)

問題❾ BOD 濃度

次のフローシートに従って水量 1.4 m³/日，BOD 濃度 180 mg/L の生活排水を処理すると仮定した場合，理論上の放流水 BOD 濃度として，**最も近い値**はどれか.

流入 ➡ 一次処理装置 BOD 除去率 40% ➡ 二次処理装置 BOD 除去率 86% ➡ 放流

(1) 10 mg/L　　(2) 15 mg/L　　(3) 20 mg/L　　(4) 25 mg/L

解説 放流水の BOD 濃度は以下のように求められる.

BOD 濃度の一次処理出口：$180 \times (1 - 0.4) = 108\,\text{mg/L}$

BOD 濃度の二次処理出口：$108 \times (1 - 0.86) \fallingdotseq 15\,\text{mg/L}$

解答 ▶ (2)

問題❿ BOD 濃度

次のフローシートに従って生活排水を処理した場合，放流水の BOD 濃度が 15 mg/L となったと仮定すると，流入汚水の BOD 濃度として，**正しい値**は次のうちどれか.

流入 ➡ 一次処理装置 （BOD 除去率：40%） ➡ 二次処理装置 （BOD 除去率：90%） ➡ 放流

(1) 150 mg/L　　(2) 200 mg/L　　(3) 250 mg/L　　(4) 300 mg/L

解説 二次側放流水の BOD 濃度 ＝ 15 mg/L，一次側流入の BOD 濃度 B とした場合，上記問題 9 解説から

BOD 濃度の二次処理出口：$A \times (1 - 0.9) = 15\,\text{mg/L}$

$$A = 15 / (1 - 0.9) = 150\,\text{mg/L}$$

BOD 濃度の一次処理出口：$B \times (1 - 0.4) = 150\,\text{mg/L}$

$$B = 150 / (1 - 0.4) = 250\,\text{mg/L}$$

解答 ▶ (3)

1·3 電気工学

1 電気の基本

1. オームの法則

　ある導体の2点に生じる電圧は，流れる電流に比例する．これをオームの法則といい，この比例係数が**抵抗 R〔Ω〕**である．電圧を V〔V〕，電流を I〔A〕とすると，$V = I \cdot R$ となる．

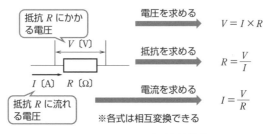

図1·10　オームの法則と計算式

2. 電線の抵抗

　電線（導体）の抵抗は，材質が同一であってもその断面積が小さければ，電気は流れにくいので抵抗が大きくなり，長さが長くなれば抵抗は増加する．すなわち，**抵抗値は断面積に反比例し，長さに比例する**．一般に，電線の断面積形状は円形になっているので，電線の抵抗値はその**直径の2乗に反比例**し，長さに比例することになる．

$$抵抗 R = \frac{\rho \cdot l}{A}$$

$$抵抗 R = \rho \cdot \frac{4l}{\pi D^2}$$

　ただし，ρ：抵抗率，l：長さ〔m〕，A：断面積〔mm^2〕，D：線の直径〔mm〕

2 絶縁電線およびケーブルについて

　電線（銅線）には，材質により軟銅線と硬銅線があり，屋内配線では主に軟銅線が使用されている．また，電線の構成により単線とより線がある．絶縁電線およびケーブルの**許容電流**は，電気設備技術基準や内線規程に定められている．

表1・1 軟銅線の許容電流（周囲温度30℃以下）

導体（太さ）		許容範囲〔A〕	導体（太さ）		素線数〔本〕/直径〔mm〕	許容電流〔A〕
単線〔mm〕	1.6	27	より線〔mm²〕	5.5	7/1.0	49
	2.0	35		8.0	7/1.2	61
	2.6	48		14	7/1.6	88
	3.2	62		22	7/2.0	115
	4.0	81		30	7/2.3	139
形状				形状		

3 誘導電動機

　電動機は，使用する電源により直流電動機と交流電動機に大別され，回転原理，構造などから分類することができる．交流電動機には，誘導電動機，同期電動機，整流子電動機があり，さらに誘導電動機には**三相誘導電動機**，単相誘導電動機があり，三相誘導電動機には**かご形**と**巻線形**がある．

1. 三相誘導電動機の回転数

　誘導電動機の同期速度 N_0 は次式で求められる．

$$N_0 = \frac{120f}{p} \quad \text{〔rpm〕}$$

　ここに，f：電源周波数〔Hz〕，p：極数（ポール数）

　したがって，上式より**電動機の同期速度は周波数に比例し，極数に反比例する**ことになる．また，固定子の内部に挿入されている回転子は，固定子のつくる回転磁界の移動速度よりやや遅れて回転する．そこで，同期速度 N_0 と回転数 N の差と同期速度との割合を滑り s といい，**電動機の回転数 N は次式で表される．**

$$N = N_0 (1-s) \quad \text{〔rpm〕}$$

2. 誘導電動機の電気特性

　電動機は，電源電圧や周波数の変動によって影響を受ける．その変化が電源電圧±10％，電源周波数±5％，電圧と周波数の変動の和で±10％以内であれば実用上運転にさしつかえないように設計されている．

　電源の**電圧降下**が起きると，**同期速度は変化しないが**，電動機の**トルク急減**（**トルクは電源電圧の二乗に比例**）し始動不能となったり，巻線の絶縁劣化あるいは焼損を招くことになるので，注意を要する．なお，電動機の絶縁種別は，低

圧電動機は E 種（耐熱 120℃ 以下），高圧電動機には B 種（耐熱 130℃ 以下）が多く用いられている.

3. 三相誘導電動機の始動法

誘導電動機に定格電圧を加えて始動すると定格電流の5〜7倍にも及ぶ始動電流が流れ，瞬間的ではあるが配線の電圧降下を大きくして，同一回路に接続される他の機器へ悪影響を及ぼしたり，電動機自体の発熱が大きくなる.このため，全圧始動法，**スターデルタ始動法**などの始動方法により始動電流を抑えている.

4. 三相誘導電動機の逆回転法

三相誘導電動機は，固定子に生ずる回転磁界の移動方向に回転子が回転するので，回転方向を逆方向にするには，**供給三相電源の3線のうち2線だけ入れ替えれば回転子は逆転する**.

5. 電動機の保護

電動機に配線される電線は，供給される電動機などの定格電流を 1.25 倍（ただし，50 A を超える場合は 1.1 倍）した値以上の許容電流を流せる電線径を用い，電路の保護として電線の許容電流の 2.5 倍以下の定格電流の**過電流遮断器**を設置することが規定されている.

分岐回路に設けられる過電流遮断器は，分岐回路の電線の短絡保護のためで，電動機の過負荷，欠相（三相電源の1相が断線となって単相電圧がかかる）などによる過電流の保護にはならない.

定格出力が 0.2 kW を超える屋内に施設する電動機には，電動機が焼損するおそれがある過電流を生じた場合に，自動的にこれを阻止しまたはこれを警報する装置を原則として設けなければならない.電動機の過負荷保護装置として，過電流検出による電磁接触器を動作させて主回路を開放する方式が多く用いられている.また，電動機ヒューズ（遅動特性を有し，始動電流では溶断しないヒューズ），あるいは電動機保護用遮断器（電動機の過負荷保護と回路の短絡保護の能力を有する配線用遮断器）も使用される.

6. 低圧三相誘導電動機の制御主回路（図 1·11）

●配線用遮断器

電路の短絡を保護するために設置される.また，電動機の過負荷保護と回路の短絡保護の能力を有する**電動機保護用遮断器**を設置する場合がある.

●電流計

電動機の運転状態の監視用に設置する.

●電磁接触器

　電動機を ON-OFF するための主回路の開閉を行う．また，保護継電器と組み合わせ，トラブルのときに主回路を開放させる．

●保護継電器

　電動機の過負荷，欠相，逆相が生じた場合に主回路を開放させる信号を出す．

●進相コンデンサ

　三相誘導電動機の**力率改善**をするために設置する．受変電設備にまとめて設置する場合もある．三相誘導電動機の力率は一般に 0.7〜0.8 と悪いので，電力の経済的な利用を図るため，進相コンデンサを負荷に並列に設置して力率改善を行う．

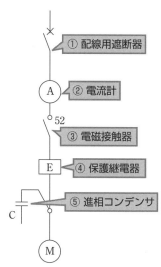

図 1・11　低圧三相誘導電動機の制御主回路

問題1　電気基礎

電線の電圧降下に関する次の文章中の　　　　　内に当てはまる語句の組合せとして，**正しいもの**はどれか.

電線の電圧降下は，電線を流れる電流に　A　し，電線の断面積に　B　する.

	A	B
(1)	比例	比例
(2)	比例	反比例
(3)	反比例	比例
(4)	反比例	反比例

解説 電線の電圧降下は，電線を流れる電流に比例し，電線の断面積に反比例する.

解答▶(2)

 マスター Point
電線の抵抗 R の関係は次の通り.

$$抵抗\ R = \frac{\rho \cdot l}{A}$$

$$抵抗\ R = \rho \cdot \frac{4l}{\pi D^2}$$

ただし，ρ：抵抗率，l：長さ〔m〕，A：断面積〔mm^2〕，D：線の直径〔mm〕

問題2　電気基礎

電線の電圧降下に関する次の記述のうち，**誤っているもの**はどれか.
(1) 電線を流れる電流に比例する.
(2) 電線の抵抗率に比例する.
(3) 電線の長さに比例する.
(4) 電線の断面積に比例する.

解説 電線の断面積に，反比例する. 電線の断面積が大きくなれば電流は流れやすくなる.

解答▶(4)

問題3 絶縁電線およびケーブルについて

絶縁電線の許容電流に関する次の記述のうち，**最も不適当なもの**はどれか．

(1) 導体の断面積が大きいほど，許容電流は大きくできる．

(2) 絶縁物の許容温度が高いほど，許容電流は大きくできる．

(3) 施設箇所の周囲温度が低いほど，許容電流は大きくできる．

(4) 絶縁電線の長さが長いほど，許容電流は大きくできる．

解説 電線の長さが長くなると抵抗は大きくなるので，電流は流れにくくなる．したがって，許容電流は小さくなる．

解答▶(4)

 ●電線の種類と用途●

表1・2 電線の種類と用途

種別	名称	用途等
絶縁電線	600 V ビニル絶縁電線（IV）	一般屋内配線用，最高許容温度 60℃
	600 V 2 種ビニル絶縁電線（HIV）	耐熱を必要とする屋内配線用，最高許容温度 75℃
	引込用ビニル絶縁電線（DV）	架空引込電線
	屋外用ビニル絶縁電線（OW）	低圧架空電線
ケーブル	600 V ビニル絶縁ビニルシースケーブル（平形：VVF）	屋内・屋外・地中配線用，最高許容温度 60℃
	600 V ビニル絶縁ビニルシースケーブル（丸形：VVR）	引込口・屋内・屋外・地中配線用，最高許容温度 60℃
	600 V 架橋ポリエチレン絶縁ビニルシースケーブル（CV）	引込口・屋内・屋外・地中配線用，最高許容温度 90℃
	MI ケーブル（MI）	高温場所の配線用，最高許容温度 250℃
	キャブタイヤケーブル（CT）	移動用
	600 V ポリエチレン絶縁耐燃性ポリエチレンシースケーブル平形（EM-EEF），別名：エコケーブル	難燃性のケーブル，屋内・屋外・地中配線用，最高許容温度 75℃

問題4　誘導電動機

三相誘導電動機に関する次の記述のうち，**最も不適当なもの**はどれか．

(1) 電動機の回転数は，周波数に比例する．
(2) 電動機の回転数は，極数に比例する．
(3) 負荷が大きくなると，回転数は減少する．
(4) 電源の二本の線を入れ替えると，回転方向が逆になる．

解説 電動機の回転数は，極数に反比例する．　　　　　　　解答▶ (2)

● 誘導電動機の滑り ●

誘導電動機の1分間当たりの同期速度 N_0 を次式に示す．

$$N_0 = \frac{120f}{p} \quad \text{〔rpm〕}$$

ここに，f：電源周波数〔Hz〕，p：極数（ポール数）

また，固定子の内部に挿入されている回転子は，固定子のつくる回転磁界の移動速度よりやや遅れて回転する．そこで，同期速度 N_0 と回転速度（電動機の回転数）N の差と同期速度との割合を滑り s とすると，電動機の回転数は次式で表される．

$$N = N_0(1 - s) \quad \text{〔rpm〕}$$

滑り s は，$(N_0 - N)/N_0$ で求められ，一般に小型機で5〜10%，大型機で3〜5%である．

問題5　誘導電動機

誘導電動機に関する記述のうち，**適当でないもの**はどれか．

(1) かご形電動機は，巻線形電動機に比べて構造が簡単である．
(2) 電動機のトルクは，電源電圧が低下すると小さくなる．
(3) 電動機の滑り（スリップ）は，負荷が大きくなると大きくなる．
(4) 同一の電動機では，電源周波数が50 Hz 地区よりも60 Hz 地区のほうが，回転速度は遅くなる．

解説 回転速度は周波数に比例するので，50 Hz 地区より60 Hz 地域のほうが20%ほど増加する．　　　　　　　　　　　　　　　　　　　　　　　　　解答▶ (4)

問題 6　誘導電動機

図に示す電動機（三相）の回路において，回路の力率改善の装置として，**適当なもの**はどれか．

(1)　ELCB（漏電遮断器）
(2)　MC（電磁接触器）
(3)　2E（過負荷欠相運転防止継電器）
(4)　C（進相コンデンサ）

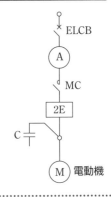

解 説　回路の力率改善に進相コンデンサを設置する．三相誘導電動機の力率は一般に 0.7〜0.8 と悪いので，電力の経済的な利用を図るため，進相コンデンサを負荷に並列に設置して力率改善を行う．

解答 ▶ (4)

問題 7　誘導電動機

図に示す回路において，誘導電動機の焼損防止に関係の少ない機器は次のうちどれか．

(1)　配線用遮断器（MCCB）
(2)　電磁接触器（MC）
(3)　2E リレー（2E）
(4)　コンデンサ（C）

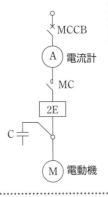

解 説　コンデンサ（C）は，回路の力率改善するために設置されるもので，誘導電動機の焼損防止とは関係ない．電動機の過負荷保護装置として，設問の図に示すように過電流検出による電磁接触器を動作させて主回路を開放する方式が多く用いられている．

解答 ▶ (4)

建 築 学

1 建築構造学

1. セメント

●セメントの種類

① 普通ポルトランドセメント

　一般的にセメントと呼ばれ，全体の85%程度用いられている．

② 早強ポルトランドセメント

　早期に強さが出て，工期の短縮，寒冷期の使用に適している．ただし，**普通ポルトランドセメントに比べ風化されやすい**．

③ 中庸熱ポルトランドセメント

　水和熱が低く，収縮率が小さく，ひび割れが少ない．ダム，道路，夏季の建築工事に適する．

●セメントの強度

　セメントの重量に対する水の重量の比を**水セメント比**という．水セメント比が70%以下のコンクリートを使用する．**水セメント比はコンクリートの強度に関係**し，次のような特徴がある．

・**水セメント比が小さいほど強度は大きいである**．

・水セメント比が大きくなれば，ひび割れが生じやすい．

・水セメント比が小さいコンクリートほど，中性化が遅くなる．

・水の質，混和材の量，練り方や時間，養生方法などによっても強度が変わる．

・セメントの粒子が小さいほど強さの発生は早い．

2. コンクリート

　現場で使用されるコンクリートは，一般的にレディーミクストコンクリート（生コンクリート）といい，工場で練り混ぜをしてから現場に運送するコンクリートのことをいう（JIS A 5308）．コンクリートは，**セメントペースト**（セメント＋水）と**骨材**（砂，砂利）を混ぜ合わせたものをいう．砂を細骨材，砂利を粗骨材といい，モルタルはセメントと水と砂を練り混ぜたものをいう．

●コンクリートの特性

・**圧縮強度が大きい**．

・**アルカリ性である**（主成分が石灰であり，鉄筋の腐食を防ぐ）．

・温度変化による**熱膨張係数**（伸縮割合）**は鉄筋とほぼ同じ**である.

・長い年月空気中に放置すると，**アルカリ性から中性化**する.

●コンクリートの強度

　コンクリートの強さは，打設4週間後（材齢28日）の**圧縮強さ**をいう. 材齢とは，コンクリートを打ち込んでからの養生期間をいう. コンクリートの強度は**水セメント比**で決まる.

　コンクリートの強度は，スランプ値でも決まる.

　スランプ値とは，スランプコーンを引き上げた直後のコンクリート頂部の下がりを cm で表した数値をいう. コンクリートの軟らかさを示すものであるが，スランプ値の小さいものほど強度は大きい（図1・12参照）.

・生コンクリートは，軟らかいほど**スランプ値が大きい**値になる.

・**AE剤を入れると硬度は下がる**.

・径が同じであれば，砕石を用いたコンクリートより，砂利を用いたコンクリートのほうが，**ワーカビリティー**（施工軟度）が大きい.

・コンクリートの**引張強度は，圧縮強度の 1/10 程度**である.

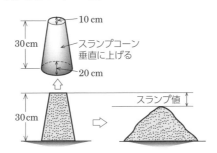

図1・12　スランプ試験

▶▶▶関連事項

・AE剤（Air Entraining Agent）：コンクリートの中に微細な空気の泡を含ませて，ワーカビリティを高めるために用いられる一種の界面活性剤である. また，コンクリート中の水分の凍結や融解に伴う膨張と収縮によってコンクリートが劣化するのを防ぐ効果もある.

●コンクリートの打込み

・荷下ししたコンクリートのスランプが減少した場合，**絶対に水を加えてはならない**.

・柱の打継ぎ位置は，床板の上端とする．

・高い位置からといなどを用いて流し込むのは，コンクリートの骨材が分離するのでよくない．

・外気温度が25℃以上の場合には，練混ぜから打込み終了までの時間を90分以内とする．

・コンクリートは，打設後1週間程度，湿潤状態を保つ．

3. 鉄筋コンクリート

鉄筋コンクリートとは，鉄筋とコンクリートを用いて柱，はり，壁，床を一体化した構造である．

鉄筋の引張力に対する強さと，コンクリートの圧縮力に対する強さを併せもち，鉄筋のさびやすさをコンクリートの**アルカリ性**で保護する．また，熱に弱い鉄筋の耐火をコンクリートがカバーする．お互いの長所を生かして短所を補う構造である．一体となって外力に抵抗できるのは，**常温で**両者の**熱膨張係数がほぼ近いからである**．

●鉄筋コンクリートの付着

鉄筋とコンクリートが一体となることをいう．大きな付着力を得るためには，**丸鋼より異形鉄筋**がよい．太い鉄筋で数を減らすより，細い鉄筋を数多く入れるほうがよい．

●鉄筋のかぶりとあき

かぶり厚さとは，鉄筋の表面とこれを覆うコンクリート表面までの最短距離をいう．柱の場合は，コンクリートの表面から**フープ筋の外側**までの最短距離をいう．

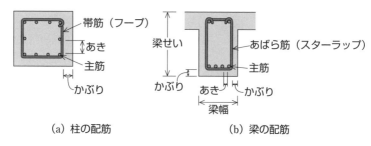

(a) 柱の配筋　　　　　　(b) 梁の配筋

図1・13　配　筋

2 構造力学

1. 力の三要素

　力は目に見えないため，図 1・14 のように，①大きさ，②方向，③作用点によって表す．

2. 力のつり合い

　同一作用線上で，同じ大きさの力で，向きが反対のものはつり合う（図 1・15）．

3. 力の合成

　物体に数個の力が作用する場合，ある 1 方向にその物体は移動する．図 1・16 の P_1，P_2 の力は P_3 として合成される（合力）．

　P_1 と P_2 を 2 辺として平行四辺形をつくり，対角線を結んで合力 P_3 を求める．

　または，P_1 と P_2 を連続して描き，始点と終点を結んで合力 P_3 を求める．

図 1・14　力の三要素

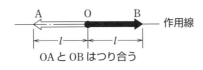

OA と OB はつり合う

図 1・15　力のつり合い

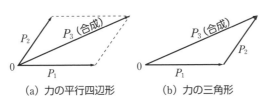

（a）力の平行四辺形　　　　（b）力の三角形

図 1・16　力の合成

4. 力のモーメント

　力 P（P_1，P_2）の 0 点に対する回転効果を**力のモーメント**という．図 1・17 において，P_1 は 0 点を基準点として右回り（⤷），P_2 は 0 点を基準点として左回り（⤶）に回転させる効果がある．

　モーメント（moment）とは物体に回転を起こす能力のことで，以下の式で表すことができる．

　　　$M = Pl$

ここに，M：力のモーメント，P：力の大きさ，l：回転の中心から作用点までの距離，モーメントは右回りを＋，左回りを－として計算する．

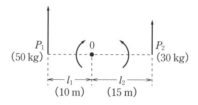

図1·17　力のモーメント

5. 反　　力

　反力は構造物に荷重が作用したときに，移動したり倒れたりしないように構造物を支える力で，支点に生ずる．また，反力や応力（部材内部に生ずる力）を求める場合，構造物は記号化する．部材は材軸で表し，支点は3種類，節点は2種類のうち，いずれかに仮定して計算する．

●支点と節点の種類

表1·3　支点と節点の種類

支　　点			節　　点	
移動支点 （ローラー）	回転支点 （ピン）	固定支点 （フィックス）	滑節点 （ヒンジ）	剛節点
△	△	⚓	┼○	(┼○

ローラー（移動支点）：鉛直反力，ピン（回転支点）：鉛直反力・水平反力，フィックス（固定支点）：鉛直反力・水平反力・モーメント

●荷重の種類

表1·4　荷重の種類

集中荷重	等分布荷重	等変分布荷重	モーメント荷重
P	合力 $= wl$ w $\dfrac{l}{2}$　$\dfrac{l}{2}$	合力 $= \dfrac{wl}{2}$ w $\dfrac{l}{3}$　$\dfrac{2l}{3}$	M

分布荷重は集中荷重に合成することができるようにする．

6. 静定ばりの応力

図 1・18 は，片持ばり，単純ばりの曲げモーメント図である．一般的な性質を覚えておくこと．

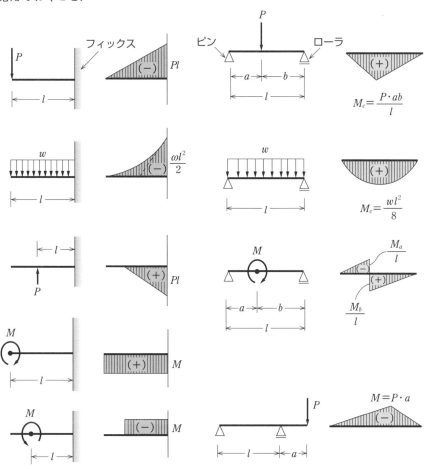

図 1・18　曲げモーメント図

7. 配筋の基本

　鉄筋コンクリート造のはりにおける支持・荷重の状態と，その曲げモーメント図および，その主筋の配筋方法との組合せを図1・19に示す．一般的な性質を覚えておくこと．

　e)パターンの曲げモーメント図より，左側は下部側に配筋し，右側は上部側に配筋する方法をとる．

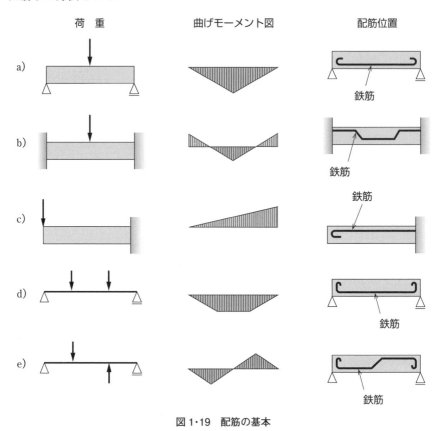

図1・19　配筋の基本

問題 1 建築構造（コンクリート）

コンクリートに関する次の記述のうち，**最も不適当なもの**はどれか．
(1) 水分量が少ないコンクリートほど，スランプ値は大きくなる．
(2) 単位セメント量が過少になると，ワーカビリティーが悪くなる．
(3) 砂の塩分が多いコンクリートは，鉄筋に錆が発生しやすくなる．
(4) コンクリートの打設後，急激に乾燥させるとひび割れの原因となる．

 水分量が少ないコンクリートとは，水セメント比が少ないということで，水が少なく硬いのでスランプ値は小さくなる． **解答▶(1)**

●スランプ●
スランプはコンクリートの軟らかさを示し，スランプ値の大きいものほど軟らかいコンクリートである．

問題 2 建築構造（コンクリート）

レディーミクストコンクリート（JIS 標準品）を生産者に注文するとき，指示する必要のないものはどれか．
(1) セメントの種類　　　(2) 粗骨材の最小寸法
(3) スランプ　　　　　(4) 呼び強度

 レディーミクストコンクリートを生産者に注文するときに指示する必要のある項目は次の五つである．

①コンクリートの種類による記号，②呼び強度〔N/mm²〕，③スランプまたはスランプフロー〔cm〕，④粗骨材の<u>最大寸法</u>〔mm〕，⑤セメントの種類による記号 **解答▶(2)**

●指示例●
一般的に，「普通　21　10　20　N」のように指示される．
・「普通」：コンクリートの種類による記号
・「21」：呼び強度
・「10」：スランプ
・「20」：粗骨材の最大寸法
・「N」：セメントの種類

問題3　**建築構造（鉄筋コンクリート）**

鉄筋コンクリートに関する次の記述のうち，**最も不適当なもの**はどれか．
(1)　コンクリートが圧縮応力を負担し，鉄筋が引張応力を負担する．
(2)　常温では，コンクリートと鉄筋の熱膨張率はほぼ等しい．
(3)　コンクリートが中性化することにより，鉄筋の腐食を防止できる．
(4)　鉄筋は，丸鋼より異形鉄筋の方がコンクリートに対する付着性がよい．

解説 コンクリートは，アルカリ性のため，鉄筋の腐食を防止できる．　　　　　**解答▶(3)**

 ●中性化●
水セメント比が大きいコンクリートほど，中性化が早くなる．コンクリートはアルカリ性のため，水が多いと薄められて中性化が早まる．

問題4　**建築構造（鉄筋コンクリートのかぶり厚さ）**

鉄筋コンクリートのかぶり厚さに関する次の記述のうち，**最も不適当なもの**はどれか．
(1)　かぶり厚さは，火災時における鉄筋の強度に影響がある．
(2)　かぶり厚さは，鉄筋の腐食防止に影響がある．
(3)　かぶり厚さを保つために，スペーサーが使用される．
(4)　かぶり厚さは，土に接する場合も接しない場合も同じでよい．

解説 かぶり厚さとは，鉄筋の表面とこれを覆うコンクリート表面までの最短距離をいい，土に接する部分と接しない部分では接する部分のほうが大きくなる．　　**解答▶(4)**

 ●かぶり厚さ●

	部位	かぶり厚さ
土に接しない部分	耐力壁以外の壁，床	2 cm 以上
	耐力壁，柱，梁	3 cm 以上
土に接する部分	壁，柱，床，梁，基礎の立上がり部	4 cm 以上
	基礎	6 cm 以上

（建築基準法施行令第 79 条）

問題5 建築構造（鉄筋コンクリート構造の梁に設ける貫通孔）

　鉄筋コンクリート構造の梁に設ける貫通孔に関する次の記述のうち，**最も不適当なもの**はどれか．

(1) 梁貫通孔の径は，梁せいの 1/3 以下とする．

(2) 梁貫通孔の上下方向の位置は，梁せいの中心付近とする．

(3) 梁貫通孔は，可能な限りせん断力の小さい部分に設ける．

(4) 梁貫通孔の径が，梁せいの 1/5 以下の場合は，補強を省略できる．

 解説 貫通孔の径が梁せいの 1/10 以下で，かつ 150 mm 未満の場合は，補強は省略できる．

解答 ▶ (4)

マスターPoint　● 梁貫通させてもよい位置 ●
問題 5 は，建築及び管工事施工管理技士試験では，よく出題されるが，浄化槽設備士試験では，出題されないと思われていたが，近年出題されているので参考として下記に記す．
【梁を貫通させてもよい位置】
① 貫通孔部のせん断強度が低下するので，せん断補強筋を増やす．
② 貫通孔部のコンクリートの有効断面が減るので，孔径に制限がある．
③ 貫通孔周囲では応力が大きくなるので，補強筋を入れる．
④ 主筋の継手は，応力の小さい位置に設ける．
⑤ RC 造梁は，補強を行えば，梁せいの 1/3 までの貫通孔を設けることができる．
⑥ 貫通孔の周囲は，応力が集中するので，これに対して補強を必要とし，また梁全体としての断面欠除による主筋・あばら筋の補強が必要である．
⑦ 貫通孔の径が梁せいの 1/10 以下で，かつ 150mm 未満の場合は，補強は省略できる．
⑧ 貫通孔が並列する場合の中心間隔は，孔の径の平均値の 3 倍以上とする．

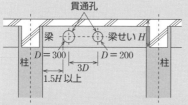

左の孔の径が 300 mm，右の孔の径が 200 mm の場合，
$$\frac{300 \,[\text{mm}] + 200 \,[\text{mm}]}{2} = 250 \,[\text{mm}]$$
$3D = 3 \times 250 \,[\text{mm}] = 750 \,[\text{mm}]$ で，
二つの孔の中心間隔は 750 mm 以上とする．

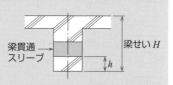

$500 \,\text{mm} \leqq H < 700 \,\text{mm} : h \geqq 175 \,\text{mm}$
$700 \,\text{mm} \leqq H < 900 \,\text{mm} : h \geqq 200 \,\text{mm}$
$900 \,\text{mm} \leqq H \qquad\qquad : h \geqq 250 \,\text{mm}$

問題6　構造力学

下図に示す片持ち梁に集中荷重 P が作用する場合の曲げモーメント図として，**最も適当なもの**は次のうちどれか．

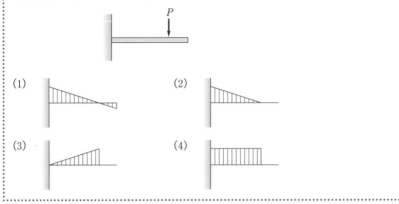

解説 片持ち梁に集中荷重 P が作用すると右図のように荷重がかかったところから固定されている側（左側）に反力がかかる．

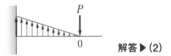

解答 ▶ (2)

問題7　構造力学

図に示す集中荷重 P を受ける梁の曲げモーメント図として，**最も適当なもの**は次のうちどれか．

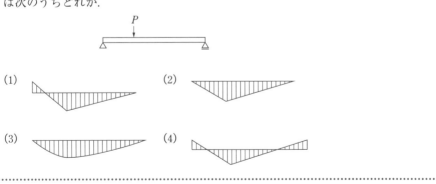

解説 両端がピンとローラーで，両端ともに0となり荷重 P を最大とし (2) のように下側に荷重がかかる．

解答 ▶ (2)

問題 8 構造力学

図に示す等分布荷重を受ける固定梁の曲げモーメント図として，**最も適当なも**のは次のうちどれか.

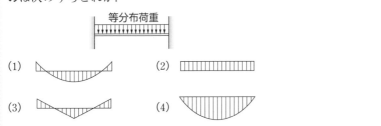

解説 両端固定梁だから，両側に反発する力が上にかかり，上から等分布荷重が下にかかり，等分布荷重の曲げモーメントは曲線を描くので（1）となる. **解答▶（1）**

問題 9 構造力学

鉄筋コンクリート床に，図のように等分布荷重 w が作用する場合の配筋方法として，**最も適当なもの**はどれか.

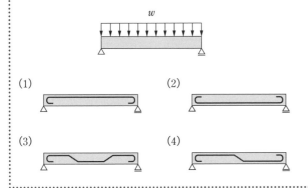

解説 両端がピンとローラーで，等分布荷重が作用しているので，曲げモーメントは，両端ともに0のため，問題8の（4）のように下に曲線を描く．よって，（2）のように配筋は，下側になる．なお，（3）の配筋は，等分布荷重で両端が固定の問題8の（1）のような曲げモーメントになる. **解答▶（2）**

1 公共工事標準請負契約約款

　公共工事には，中央建設審議会が定めた公共工事標準請負契約約款が用いられている．次に，よく出題される約款について抜粋して述べることにする．

1. 総則（第1条）

1　「発注者及び受注者は，この約款（契約書を含む）に基づき，設計図書（別冊の図面，仕様書，現場説明書及び現場説明に対する質問回答書をいう）に従い，日本国の法令を遵守し，この契約を履行しなければならない．」

2　「受注者は，契約書記載の工事を契約書記載の工期内に完成し，工事目的物を発注者に引き渡すものとし，発注者は，その請負代金を支払うものとする．」

3　「仮設，施工方法その他工事目的物を完成するために必要な一切の手段については，この約款及び設計図書に特別の定めがある場合を除き，受注者がその責任において定める．」

2. 請負代金内訳書及び工程表（第3条）

（A）1　「受注者は，設計図書に基づいて請負代金内訳書（以下「内訳書」という）及び工程表を作成し，発注者に提出し，その承認を受けなければならない．」

2　「内訳書及び工程表は，この約款の他の条項において定める場合を除き，発注者及び受注者を拘束するものではない．」

（B）1　「受注者は，この契約締結後○日以内に設計図書に基づいて，請負代金内訳書（以下「内訳書」という）及び工程表を作成し，発注者に提出しなければならない．」

2　「内訳書及び工程表は，発注者及び受注者を拘束するものではない．」

3. 一括委任又は一括下請負の禁止（第6条）

　「受注者は，工事の全部若しくはその主たる部分又は他の部分から独立してその機能を発揮する工作物の工事を一括して第三者に委任し，又は請け負わせてはならない．」

4. 下請負人の通知（第7条）

　「発注者は，受注者に対して，下請負人の商号又は名称その他必要な事項の通知を請求することができる．」

5. 監督員（第9条）

1 「**発注者**は，監督者を置いたときは，その氏名を**受注者に通知**しなければならない．監督員を変更したときも同様とする.」

2 「監督者は，この契約書の他の条項に定めるもの及びこの契約書に基づく**発注者**の権限とされる事項のうち**発注者**が必要と認めて監督員に委任したもののほか，設計図書に定めるところにより，次に掲げる権限を有する.」

　　一　契約の履行についての受注者又は受注者の現場代理人に対する指示，承諾又は協議

　　二　設計図書に基づく工事の施工のための詳細図等の作成及び交付又は受注者が作成した詳細図等の承諾

　　三　設計図書に基づく工程の管理，立会い，工事の施工状況の検査又は工事材料の試験若しくは検査（確認を含む）

3 「**発注者**は，二名以上の監督員を置き，前項の権限を分担させたときにあってはそれぞれの監督員の有する権限の内容を，監督員にこの約款に基づく発注者の権限の一部を委任したときにあっては当該委任した権限の内容を，**受注者に通知**しなければならない.」

4 「第二項の規定に基づく**監督員の指示又は承諾**は，原則として，書面により行わなければならない.」

6. 現場代理人及び主任技術者等（第10条）

1 「**受注者**は，次の各号に掲げる者を定めて工事現場に設置し，設計図書に定めるところにより，その氏名その他必要な事項を**発注者に通知**しなければならない．これらの者を変更したときも同様とする.」

　　一　現場代理人

　　二　(A)［　］主任技術者　　(B)［　］監理技術者　　(C)監理技術者補佐

　　三　専門技術者

　　　　［　］の部分には，同法第二十六条第三項本文の工事の場合に「専任の」の字句を記入する.

2 「**現場代理人**は，この契約の履行に関し，**工事現場に常駐**し，その運営，取締りを行うほか，この約款に基づく請負者の一切の権限（**請負代金額の変更，請負代金の請求及び受領並びにこの契約の解除に係るものを除く**）を行使することができる.」

5 「**現場代理人**，**監理技術者等**（監理技術者，監理技術者補佐又は主任技術者をいう）及び専門技術者は，これを兼ねることができる.」

7. 履行報告（第 11 条）

「受注者は，設計図書に定めるところにより，この契約の履行について発注者に報告しなければならない.」

8. 工事材料の品質及び検査等（第 13 条）

1 「工事材料の品質については，設計図書に定めるところによる. 設計図書にその品質が明示されていない場合にあっては，中等の品質を有するものとする.」

2 「受注者は，設計図書において監督員の検査（確認を含む）を受けて使用すべきものと指定された工事材料については，当該検査に合格したものを使用しなければならない. この場合において，当該検査に直接要する費用は，受注者の負担とする.」

3 「監督員は，受注者から前項の検査を請求されたときは，請求を受けた日から 7 日以内に応じなければならない.」

4 「受注者は，工事現場内に搬入した工事材料を監督員の承諾を受けないで工事現場外に搬出してはならない.」

9. 設計図書不適合の場合の改造義務及び破壊検査等（第 17 条）

1 「受注者は，工事の施工部分が設計図書に適合しない場合において，監督員がその改造を請求したときは，当該請求に従わなければならない. この場合において，当該不適合が監督員の指示によるときその他発注者の責に帰すべき事由によるときは，発注者は，必要があると認められるときは工期若しくは請負代金額を変更し，又は受注者に損害を及ぼしたときは必要な費用を負担しなければならない.」

2 「監督員は，受注者が第十三条第二項又は第十四条第一項から第三項までの規定に違反した場合において，必要があると認められるときは，工事の施工部分を破壊して検査することができる.」

4 「前二項の場合において，検査及び復旧に直接要する費用は受注者の負担とする.」

10. 設計図書の変更（第 19 条）

「発注者は，必要があると認めるときは，設計図書の変更内容を受注者に通知して，設計図書を変更することができる. この場合において，発注者は，必要があると認められるときは工期若しくは請負代金額を変更し，又は受注者に損害を及ぼしたときは必要な費用を負担しなければならない.」

11. 発注者の請求による工期の短縮等（第 23 条）

「発注者は，特別の理由により工期を短縮する必要があるときは，工期の短縮

変更を受注者に請求することができる.」

12. 検査及び引渡し（第 32 条）

1 「受注者は，工事を完成したときは，その旨を発注者に通知しなければならない.」

2 「発注者は，前項の規定による通知を受けたときは，通知を受けた日から14 日以内に受注者の立会いの上，設計図書に定めるところにより，工事の完成を確認するための検査を完了し，当該検査の結果を受注者に通知しなければならない. この場合において，発注者は，必要があると認められるときは，その理由を受注者に通知して，工事目的物を最小限度破壊して検査することができる.」

3 「前項の場合において，検査又は復旧に直接要する費用は，受注者の負担とする.」

4 「発注者は，第二項の検査によって工事の完成を確認した後，受注者が工事目的物の引渡しを申し出たときは，直ちに当該工事目的物の引渡しを受けなければならない.」

13. 発注者の催告による解除権（第 47 条）

1 「発注者は，受注者が次の各号のいずれかに該当するときは相当の期間を定めてその履行の催告をし，その期間内に履行がないときはこの契約を解除することができる. ただし，その期間を経過した時における債務の不履行がこの契約及び取引上の社会通念に照らして軽微であるときは，この限りでない.」

　一　第五条第四項に規定する書類を提出せず，又は虚偽の記載をしてこれを提出したとき.

　二　正当な理由なく，工事に着手すべき期日を過ぎても工事に着手しないとき.

　三　工期内に完成しないとき又は工期経過後相当の期間内に工事を完成する見込みがないと認められるとき.

　四　第十条第一項第二号に掲げる者を設置しなかったとき.

14. 受注者の催告によらない解除権（第 52 条）

1 「受注者は，次の各号のいずれかに該当するときは，直ちにこの契約を解除することができる.」

　一　第十九条の規定により設計図書を変更したため請負代金額が三分の二以上減少したとき.

問題❶ 公共工事標準請負契約約款

「公共工事標準請負契約約款」に関する次の記述のうち，**誤っているもの**はどれか．
(1) 現場代理人，監理技術者等および専門技術者は，これを兼ねることができる．
(2) 設計図書に監督員の検査を受けて使用することが指定されている工事材料がある場合，検査に直接要する費用は請負者の負担とする．
(3) 現場説明書および現場説明に対する質問回答書は，設計図書に含まれない．
(4) 受注者は，設計図書に基づいて工程表を作成し，発注者に提出しなければならない．

解説 (1)，(2)，(4) はそれぞれ，第10条第5項，第13条第2項，第3条第1項に定められている．(3) は第1条第1項により，「設計図書は，図面，仕様書，現場説明書および現場説明に対する質問回答書をいう」と定められている． **解答▶ (3)**

問題❷ 公共工事標準請負契約約款

「公共工事標準請負契約約款」に関する次の記述のうち，**誤っているもの**はどれか．
(1) 監督員は，設計図書に基づく工事の施工のための詳細図の承諾にかかる権限を有する．
(2) 発注者は，監督員を置いたとき，その氏名と保有する関係資格を受注者に通知しなければならない．
(3) 監督員の指示又は承諾は，原則として，書面により行わなければならない．
(4) 発注者は，二名以上の監督員を置き，発注者の権限を分担させたときには，それぞれの監督員の有する権限の内容を受注者に通知しなければならない．

解説 第9条（監督員）の設問である．
(1) 第9条第2項の二に定められている．
(2) 第9条第1項に「発注者は，監督員を置いたときは，その氏名を受注者に通知しなければならない．監督員を変更したときも同様とする．」と定められている．「保有する関係資格」とは定められてはいない．
(3) 第9条第4項に定められている．(4) 第9条第3項に定められている． **解答▶ (2)**

問題3 公共工事標準請負契約約款

「公共工事標準請負契約約款」に関する次の記述のうち，**誤っているもの**はどれか．
(1) 工事材料の品質については，設計図書に定めるところによる．設計図書にその品質の表示がされていない場合にあっては，監督員の指示によるものとする．
(2) 受注者は，工事現場内に搬入した工事材料を監督員の承諾を受けないで工事現場外に搬出してはならない．
(3) 発注者が受注者に支給する工事材料及び貸与する建設機械器具の品名，数量，品質，規格又は性能，引渡場所及び引渡時期は，設計図書に定めるところによる．
(4) 受注者は，設計図書において監督員の立会いの上施工するものと指定された工事については，当該立会いを受けて施工しなければならない．

解説 (1) 第13条第1項に「工事材料の品質については，設計図書に定めるところによる．設計図書にその品質が明示されていない場合にあっては，中等の品質を有するものとする．」と定められている．(2) 第13条第4項に定められている．(3) 第15条第1項 (4) 第14条第2項に定められている． **解答▶(1)**

問題4 公共工事標準請負契約約款

「公共工事標準請負契約約款」において，発注者（甲）と受注者（乙）の関係上，**誤っているもの**はどれか．
(1) 乙は，必要があると認めるときは，設計図書の変更内容を甲に通知して，設計図書を変更することができる．
(2) 乙は，設計図書に定めるところにより，契約の履行について甲に報告しなければならない．
(3) 甲は，監督員を置いたときは，その氏名を乙に通知しなければならない．
(4) 甲は，乙に対して，下請負人の商号または名称その他必要な事項の通知を請求することができる．

解説 (1) は第19条第1項に定められている．設問は甲と乙が反対である．(2)，(3)，(4)はそれぞれ，第11条第1項，第9条第1項，第7条第1項に定められている． **解答▶(1)**

問題 5 　公共工事標準請負契約約款

「公共工事標準請負契約約款」に関する次の記述のうち，**誤っているもの**はどれか．

(1) 受注者は，工事を完成したときは，その旨を発注者に通知しなければならない．

(2) 発注者は，工事完成の通知を受けたときは，通知を受けた日から十四日以内に受注者の立会いの上，設計図書に定めるところにより，工事の完成を確認するための検査を完了し，当該検査の結果を受注者に通知しなければならない．

(3) 工事の完成を確認するための検査又は復旧に直接要する費用は，工事目的物の引渡しを受ける発注者の負担とする．

(4) 発注者は，検査によって工事の完成を確認した後，受注者が工事目的物の引渡しを申し出たときは，直ちに当該工事目的物の引渡しを受けなければならない．

解説 第31条（検査及び引渡し）の設問である．(1) 第31条第1項に定められている．(2) 第31条第2項に定められている．(3) 第31条第3項に「工事の完成を確認するための検査又は復旧に直接要する費用は，<u>請負人</u>の負担とする．」と定められている．(4) 第31条第4項に定められている．

解答▶ (3)

問題 6 　公共工事標準請負契約約款

「公共工事標準請負契約約款」に関する次の記述のうち，**誤っているもの**はどれか．

(1) 発注者は，受注者から請負代金の支払い請求があったとき，請求を受けた日から十四日以内に請負代金を支払わなければならない．

(2) 設計図書を変更したため，請負代金額が三分の二以上減少したとき，受注者は，契約を解除することができる．

(3) 受注者の解除権の行使により契約が解除された場合において，出来形部分を最小限度破壊して検査する際に直接要する費用は，受注者の負担とする．

(4) 受注者が主任技術者または監理技術者を設置しなかったとき，発注者は，契約を解除することができる

解説 (1) 第33条第2項に「発注者は，受注者から請負代金の支払い請求があったとき，請求を受けた日から40日以内に請負代金を支払わなければならない．」と定められている．(2)，(3)，(4) はそれぞれ，第52条第1項，第54条，第47条第1項の三に定められている．

解答▶ (1)

2章 汚水処理法等

　本章の構成は汚水処理法，設計と計画，構造と機能，保守管理の四つの単元に分類されている．

【出題傾向】

◎よく出るテーマ

1 汚水処理法からは，性能評価型小型合併浄化槽の単位装置である担体流動槽，生物ろ過槽，膜分離活性汚泥槽の問題や，余剰汚泥の含水率の計算問題がよく出題されている．

2 計画と設計における，建築物の用途別処理対象人員算定基準の表は，大まかに覚える．特に特殊の建築用途の適用についてはよく出題されるので理解しておくこと．

3 構造と機能からは，構造基準第1の小型合併浄化槽や各単位装置の構造についてよく出題されている．

4 保守管理では，浄化槽法施行規則　第1章「浄化槽の保守点検及び清掃等」の第2条「保守点検の技術上の基準」，第3条「清掃の技術上の基準」をよく覚えておくこと．

1 浄化方法と単位操作

　浄化槽とは，生活排水を浄化して河川，湖沼，海域へ放流しようとするとき，水質汚濁防止法に定められた放流水質基準を遵守するために設置する施設である．汚水の浄化方法は大きく**生物処理・化学処理・物理処理**の三つの方法に分類され，これらを適切に組み合わせた方法により汚水処理は行われる．

1. 生 物 処 理

●生物処理の分類

　生物処理は，汚水中の有機物質を微生物の**代謝反応**を利用し分解する方法である．酸素を必要とする**好気性代謝**と酸素を必要としない**嫌気性代謝**に分類される．

　① 好気性代謝

　　有機物質は，水，二酸化炭素，アンモニア，硝酸塩などの無機物質に分解される．

　② 嫌気性代謝

　　タンパク質などの高分子の有機物質は，有機酸やアルコールなどを経て，メタン，二酸化炭素，水素，窒素，硫化水素などに分解される．

●生物処理における微生物の種類

　汚水の浄化に関与する微生物は，小さいものから順に**細菌類，原生動物，微小後生動物**などがある．細菌類，原生動物は単細胞生物で微小後生動物は多細胞生物である．

　① 細菌類

　　バクテリアとも呼ばれ，直径 0.5～2.0 μm 程度であり，球菌，桿菌（かんきん），らせん菌，コンマ状菌などの種類がある．好気性細菌，嫌気性細菌などによって**有機物質を摂取し直接分解**する．

　② 原生動物

　　繊毛虫類，鞭毛虫類，肉質虫類など 30～100 μm のものが多い．**顕微鏡検査**により確認でき，水温，溶存酸素，汚水の組成などの条件により出現する種類が異なるため，**生物処理の状態の良否を判断する指標**として用いられる．細菌類を捕食する．

③ 微小後生動物

　大きさは数 mm 以下程度であり，**肉眼でも識別可能なものもある．細菌類，原生動物を捕食**する．有機物質が少ない状況で出現するため，**良好な処理水質の指標生物**とされる．

●微生物の食物連鎖

　図 2・1 のような**食物連鎖**の関係によって生物相が変化し汚水は浄化される．

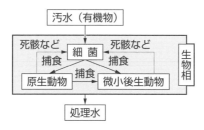

図 2・1　微生物の食物連鎖

●生物処理の処理方法
　・好気性処理：活性汚泥法，生物膜法，酸化池法
　・嫌気・好気処理：回分式活性汚泥法，間欠ばっ気式活性汚泥法
　・嫌気性処理：嫌気性ろ床法，嫌気性消化法

2. 化 学 処 理

●中　　和

　酸とアルカリが反応して水と塩になる反応．汚水の pH が酸またはアルカリで，生物処理の微生物に悪影響を与える場合や，放流水の pH が水質基準の 5.8 ～8.6（海域への放流は 5.0～9.0）の範囲に入っていない場合に中和処理を行う．

　酸剤として塩酸，硫酸，アルカリ剤として水酸化ナトリウム（苛性ソーダ），消石灰などを添加する．

●酸化・還元

　酸化とは酸素を得て水素を失う反応で還元はその逆の反応である．浄化槽では，酸化剤である**次亜塩素酸カルシウム，塩素化イソシアヌル酸**を使用し，塩素が相手を酸化し自らは還元されることで，放流水の大腸菌の**消毒**を行う．

　生物学的窒素除去法である硝化・脱窒反応も酸化還元反応を利用している．

●凝　　集

　汚水中の 1 μm 以下の非常に微細な粒子を，凝集剤を添加することで大きな粒子にすることを凝集という．**SS や COD，色度の高度処理やリン除去**に用いら

れる.

　無機系凝集剤は硫酸アルミニウム（硫酸ばんど），ポリ塩化アルミニウム（PAC），塩化第二鉄，硫酸第一鉄，消石灰があり，大きなフロックを得るために，有機高分子凝集剤を用いる場合もある．凝集剤は pH に大きく影響を受けるので注意する．

● 吸　着

　二次処理後の COD，色度，臭気成分などを除去する高度処理に用いられる．多孔質で比表面積の大きい粒状活性炭を使用する．

3. 物理処理

● 沈殿・浮上

　汚水中の夾雑物や固形物質などを，水との比重差を利用して分離する単位操作のこと．水より比重が大きければ沈殿分離し，小さければ浮上分離する．

● スクリーニング

　水中に格子状のバーや網を設置して，その有効目幅より大きな夾雑物を引っ掛けることにより除去する方法．目幅により荒目（50 mm），細目（20 mm），微細目（1～2.5 mm）などに分類される．

● ろ　過

　砂やアンスラサイトなどのろ材を充填した中に汚水を通し，微量の懸濁物質を除去する高度処理に用いる方法．生物ろ過，膜分離もろ過といえる．

2 ▶ 生物処理法

1. 生物膜法

● 生物膜の種類と構造

　生物膜には好気性生物膜と嫌気性生物膜がある．図 2・2，図 2・3 に模式図を示す．

① 好気性生物膜

　酸素を含んだ汚水と接する表面 2～3 mm に好気性層が生成され，好気性微生物により BOD，窒素，リンなどが摂取される．

　通常，接触材側には嫌気性層が形成され嫌気性分解が行われる．生物膜が肥厚してくると処理水の悪化や悪臭などの影響が出るので，定期的に逆洗を行い生物膜の剥離，再生を行う．浄化槽における主要な処理方式である．

② 嫌気性生物膜

　溶存酸素のない状態の汚水と生物膜が接触し，嫌気性微生物により有機物質が取り込まれ分解される．

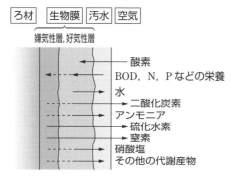

図 2·2　好気性生物膜

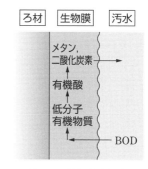

図 2·3　嫌気性生物膜

　嫌気性生物膜は好気性の場合と比較すると，生物膜の成長は非常に遅いため，定期的な逆洗操作は不要で清掃時のみでよい．浄化槽では脱窒工程に用いられる．

●生物膜法の分類

　生物膜法は，汚水と生物膜の接触方法により固定床方式と流動床方式に分類される．

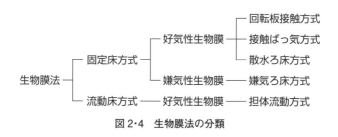

図 2·4　生物膜法の分類

① 回転板接触方式（図 2·5）

　流入した汚水を槽の中で回転する回転板と接触させることにより処理する．回転板の表面には好気性生物膜が生成されていて，生物膜が大気中と水中を順次回転し移動することで大気中から酸素を取り込み，水中で汚水と接触し処理が行われる．回転板は汚水中に 40% 程度浸漬させる．

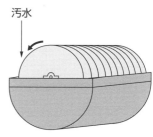

汚水

図 2·5　回転板接触方式

② 接触ばっ気方式（図 2·6）

　プラスチック素材でできた，生物膜が付着しやすい形状の接触材を槽内に設置し，散気管などによってばっ気することで汚水を循環対流させ，接触材の生物膜と接触させ処理を行う．

　接触材の設置方法によりばっ気方式は異なる．片面設置する場合は側面ばっ気，両面設置する場合は中心ばっ気，全面設置する場合は全面ばっ気とする（図 2·6 は側面ばっ気）．

③ 散水ろ床方式（図 2·7）

　花崗岩や安山岩などの砕石やプラスチック素材のろ材をを積み上げてろ床を作り，上部より汚水を散水して流すことで生物膜と接触し処理される．

　ろ材は大気中に露出しているので，散水した汚水の水膜表面から酸素が供給される．

④ 嫌気ろ床方式（図 2·8）

　プラスチック素材のろ材を槽内に設置し，汚水をろ材表面に生成された生物膜とゆっくり接触するように流入させる．

　接触ばっ気方式と同じような構造だが，嫌気性処理なのでばっ気は行わず，散気管も設置しない．脱窒ろ床槽も同様な構造である．

⑤ 担体流動方式

　性能評価型小型合併浄化槽の単位装置として用いられる．中空円筒状のプラスチック樹脂製やスポンジなどの担体の表面に生物膜を生成させ，ばっ気することで汚水中を絶えず担体が流動し全表面積で生物酸化を行う．そのため処理効率が高く，装置がコンパクト化できる．

　処理水の出口には担体の流出防止スリットが設けられ，スリットの目幅を担体より小さくして担体を分離している．スリットの部分に担体が流動しぶつかることで目詰まりを防いでいる．

　担体流動方式に生物ろ過を組み合わせた方式も採用されている．生物ろ過は

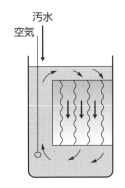

図 2·6　接触ばっ気方式

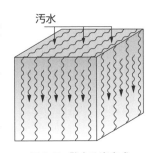

図 2·7　散水ろ床方式

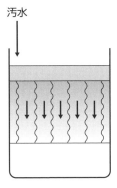

図 2·8　嫌気ろ床方式

ろ過用担体を支持層の上部に充填し汚水を通すことで，担体に生成された生物膜による**生物酸化と物理的なろ過を同時に行う**ものである（図2·11）．

担体流動と組み合わせた方式では，槽内の上部に担体流動を組み込み，下からばっ気し，ばっ気装置の下に生物ろ過槽を設置するものがある．汚水は下向流とし担体流動槽で得た溶存酸素を生物ろ過で利用することで生物酸化を行う．生物ろ過槽はその下に逆洗装置を組み込みタイマーにより1回/日ほど逆洗を行い閉塞を防止する．

図2·9 流動床用担体

図2·10 生物ろ過用担体

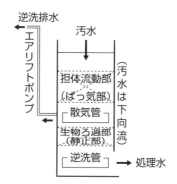

図2·11 生物ろ過と担体流動を組み合わせた方式

●生物膜法の特徴

◆長　所◆

- ・生物膜の生物種は多様性に富むので，環境条件の変動に対する対応力がある．
- ・硝化細菌のような比増殖速度（生物の増殖速度）の小さい細菌も安定して増殖することができる．
- ・水量変動，負荷変動に対応できる．
- ・低濃度汚水の処理は非常に安定している．
- ・維持管理が容易である．

・ろ材での生物汚泥保持量が多く，活性汚泥法に比べ食物連鎖が長いため余剰汚泥の生成量が少ない．
・嫌気ろ床方式は特に余剰汚泥の生成量が少なく，非常に省エネルギーである．

◆短　所◆

・処理槽中の生物汚泥保持量（生物膜量）を任意に調整することが難しい．
・汚濁負荷量の多い汚水が流入したり，逆洗操作をしばらく行わなかった場合生物膜が肥厚し，ろ材の閉塞や生物膜の剥離が起こり，処理水質を悪化させてしまう．
・嫌気ろ床方式の場合，生物膜の生成に時間が掛かり，立ち上がりに150〜200日要する．

2.　活性汚泥法

●活性汚泥法の特徴

　生物反応槽であるばっ気槽と固液分離槽である沈殿槽により構成され，ばっ気槽内に浮遊している活性汚泥に汚水を接触させることで，**有機物の吸着，酸化分解**を行う．活性汚泥は微生物の集合体で雲状をしていて，これを**フロック**と呼ぶ．生物膜法と比べ汚泥濃度（MLSS）は，**返送汚泥量や汚泥引き抜き量の調整によって比較的容易に行える**が，ばっ気強度の調整，MLSS管理や沈殿槽における汚泥の沈殿分離など，維持管理には専門的な知識が要求されるため管理者の常駐が必要である．

●活性汚泥法の種類

　① 標準活性汚泥方式

　　名前の通り活性汚泥法の基本となる方式で，汚水はばっ気槽の先頭部分に流入させ，沈殿槽からの返送汚泥もばっ気槽の先頭部分へ返送する．
　　BOD容積負荷は0.6 kg/(m³·日)，滞留時間は6〜8時間であるため，長時間ばっ気方式と比べばっ気槽の容量は小さく，処理対象人員の多い浄化槽に用いられる．

　② 長時間ばっ気方式

　　標準活性汚泥方式より**余剰汚泥量が少ない**ことが特徴で，そのためにばっ気時間を長くし，汚泥返送量を増やすことでMLSSを高くし，BOD容積負荷を小さくしている（BOD容積負荷は0.2〜0.3 kg/(m³·日)，滞留時間は16

時間以上). その結果, 標準活性汚泥方式に比べ必要空気量やばっ気槽の容量が2〜3倍大きく, 処理対象人員の少ない浄化槽に用いられる.

③ 分注ばっ気方式 (ステップエアレーション)

ばっ気槽を直列方向に複数に区切り, 汚水をそれぞれの槽に分割して流入させる方法. 沈殿槽からの返送汚泥は, 他方式と同様にばっ気槽の先頭箇所へ返送する. 汚泥濃度を高く維持でき, 高負荷運転が可能になる.

3. 高度処理型生物処理法

●生物学的硝化の処理条件

- ・実流入汚水量は計画汚水量を**大幅に下回ってはならない**.
- ・槽内の水温は, **13℃** を下回ってはならない.
- ・流入汚水の BOD 濃度は, 窒素濃度の**3倍**を下回ってはならない.
- ・脱窒工程で BOD/N 比が3以下の場合は, **水素供与体として有機炭素源であるメタノールを添加する**.
- ・硝化工程の DO は **1.0 mg/L 以上**とし, 脱窒工程の DO は **0 mg/L** とする.
- ・硝化工程の pH は **7〜8** とし, 脱窒工程の pH は **6〜8** とする.
- ・硝化工程で**アルカリ度**が不足すると, pH が低下し処理機能に大きな影響が生じるので注意が必要.

① アルカリ度

水中に含まれる重炭酸塩, 炭酸塩または水酸化物のアルカリ分の指標で, 炭酸カルシウム ($CaCO_3$) に換算して〔mg/L〕で表したもの.

② 硝化反応・脱窒反応

・硝化反応はアンモニア性窒素が亜硝酸性窒素, さらに硝酸性窒素に変化することをいう.

$$NH_4^+ + \frac{3}{2}O_2 \rightarrow NO_2^- + 2H^+ + H_2O \quad \text{アンモニア性窒素} \rightarrow \text{亜硝酸性窒素}$$

〈亜硝酸酸化細菌の生物酸化反応〉

$$NO_2^- + \frac{1}{2}O_2 \rightarrow NO_3^- \quad \text{亜硝酸性窒素} \rightarrow \text{硝酸性窒素}$$

・脱窒反応は亜硝酸性窒素, または硝酸性窒素から窒素ガスまで変化する.

〈亜硝酸呼吸〉

$$NO_2^- + 3H（水素供与体）\rightarrow \frac{1}{2}N_2 + H_2O + OH^- \quad 亜硝酸性窒素\rightarrow窒素$$

〈硝酸呼吸〉

$$NO_3^- + 5H（水素供与体）\rightarrow \frac{1}{2}N_2 + 2H_2O + OH^- \quad 硝酸性窒素\rightarrow窒素$$

●回分式活性汚泥法

回分処理槽内で流入，ばっ気，撹拌（吸着および酸化），沈殿，上澄水の排出，余剰汚泥引き抜きの単位操作を，流入工程，ばっ気工程，沈殿工程，排出工程の1サイクルで一日に4～6回連続的に行う処理方法.

●膜分離活性汚泥法（性能評価型小型合併浄化槽）

従来の活性汚泥と処理水を沈殿分離する沈殿槽の代わりに，平板状や中空糸状の精密ろ過膜（MF膜 0.1～0.4μm）をばっ気槽内に浸漬し，ポンプで強制的に吸引ろ過する．これによって安定した固液分離が可能になり，高濃度なMLSSで運転できるので，生物反応槽の小型化，余剰汚泥量の減量化が可能となる．また，MF膜のろ過水にはSS，大腸菌群は含まれず処理水質の高度化が図れる．応用例として，硝化液循環，間欠ばっ気による窒素除去や生物反応槽に凝集剤を添加するリン除去などの方法もある．注意点として膜分離装置は，膜表面の閉塞による破損防止のためにばっ気によって上昇流を生じさせ，この流れの中に膜面が平行となるように設置する．汚水の膜面への吸引方向とばっ気による上昇流は，絶えず直交する流れとしなければならず，これをクロスフローろ過と呼ぶ．このため膜分離装置の運転中に，ばっ気が停止しないよう注意が必要である．

3　生物処理の指標と計算

1. 生物処理の維持管理で用いられる指標と用語

●MLSS

汚泥などのばっ気槽浮遊物質量のことで，105℃で汚泥を乾燥したときの重量を〔mg/L〕で表す.

●MLVSS

ばっ気槽有機性浮遊物質量．MLSSから600℃における強熱減量を差し引いた有機物質含量のことで〔mg/L〕で表す．このときの強熱残留物は無機物質である.

●SV

汚泥沈殿率．汚泥の沈降性や濃度などを示す指標で，特にメスシリンダーで30分間静止沈殿後の沈殿汚泥量を百分率で表したものはSV30という.

●SVI

汚泥容量指標．30 分沈殿後に MLSS 1 g が占める容量〔mL〕を示す．通常
のばっ気槽の SVI は 100～150 であり，高い SVI 値は凝集性・沈降性の悪い
軽い活性汚泥で，200 以上の場合は汚泥の膨化（バルキング）という．

$$\text{SVI} = \frac{\text{SV30 〔\%〕} \times 10\,000}{\text{MLSS 〔mg/L〕}}$$

●汚泥日齢

ばっ気槽内のばっ気槽浮遊物質量（MLSS）を流入汚水中の 1 日間の全浮遊
物質量（SS）で除した値で，〔日〕で示す．汚泥日齢 3～5 日程度が標準である．

$$\text{汚泥日齢〔日〕}$$
$$= \frac{\text{ばっ気槽の容量〔m}^3\text{〕} \times \text{ばっ気槽内 MLSS 濃度〔g/m}^3\text{〕}}{\text{ばっ気槽流入汚水量〔m}^3/\text{日〕} \times \text{流入汚水の平均 SS〔g/m}^3\text{〕}}$$

●ばっ気強度

ばっ気槽 1 m^3 当たりにつき 1 時間にばっ気する送風量〔m^3/(m^3・時)〕で表
す．活性汚泥法では通常 1.5～2.0 m^3/(m^3・時) 程度である．

$$\text{ばっ気強度〔m}^3/(\text{m}^3\cdot\text{時})\text{〕} = \frac{\text{送風量〔m}^3/\text{時〕}}{\text{ばっ気槽容量〔m}^3\text{〕}}$$

2. 生物処理の設計に用いられる指標と用語

● BOD 容積負荷

ばっ気槽の容積 1 m^3 当たり 1 日に流入する BOD 量で〔kg/(m^3・日)〕で表
す．

構造基準では，標準活性汚泥法は 0.6 kg/(m^3・日)，長時間ばっ気法は 0.2～
0.3 kg/(m^3・日) である．

$$\text{BOD 容積負荷〔kg/(m}^3\cdot\text{日)〕}$$
$$= \frac{\text{ばっ気槽流入汚水量〔m}^3/\text{日〕} \times \text{BOD〔g/m}^3\text{〕}}{\text{ばっ気槽の容量〔m}^3\text{〕} \times 1\,000}$$

●BOD-MLSS 負荷

ばっ気槽内のばっ気槽浮遊物質量（MLSS）1 kg 当たり，1 日に流入する
BOD 量〔kg/(kg・日)〕で表す．

$$\text{BOD-MLSS 負荷〔kg/(kg・日)〕}$$
$$= \frac{\text{ばっ気槽流入汚水量〔m}^3/\text{日〕} \times \text{BOD〔g/m}^3\text{〕}}{\text{ばっ気槽の容量〔m}^3\text{〕} \times \text{ばっ気槽内 MLSS 濃度〔g/m}^3\text{〕}}$$

●ばっ気槽滞留時間（ばっ気時間）

$$\text{ばっ気槽滞留時間〔時〕} = \frac{\text{ばっ気槽の容量〔m}^3\text{〕} \times 24}{\text{ばっき槽流入汚水量〔m}^3/\text{日〕}}$$

3. 沈殿槽の設計に用いられる指標と用語

●水面積負荷

沈殿槽の水面積 1 m² 当たり 1 日に流入する日平均汚水量のことで〔m³/(m²·日)〕で表す. 小型合併処理浄化槽では 8 m³/(m²·日) 以下とされている.

$$\text{水面積負荷〔m}^3/(\text{m}^2 \cdot \text{日})\text{〕} = \frac{\text{日平均汚水量〔m}^3/\text{日〕}}{\text{沈殿槽の水面積〔m}^2\text{〕}}$$

水面積負荷は, 沈殿槽内における水の平均上昇速度を示しているもので, 汚泥の沈降速度よりも小さく設定する必要がある.

汚泥の沈降速度と水面積負荷の関係は次式で表される.

$$\text{水面積負荷} = \frac{\text{汚泥の沈降速度}}{1.25 \sim 1.75}$$

●越流せき負荷 (越流負荷)

下図のような越流せきの長さ 1 m 当たり 1 日に流入する日平均汚水量のことで〔m³/(m·日)〕で表す. 小型合併処理浄化槽では 20 m³/(m·日) 以下とされている.

$$\text{越流せき負荷〔m}^3/(\text{m} \cdot \text{日})\text{〕} = \frac{\text{日平均汚水量〔m}^3/\text{日〕}}{\text{越流せきの長さ〔m〕}}$$

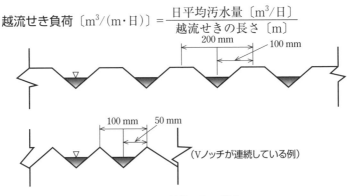

図 2·12　越流せきの構造

●沈殿槽滞留時間

$$\text{沈殿槽滞留時間〔時〕} = \frac{\text{沈殿槽の容量〔m}^3\text{〕} \times 24}{\text{沈殿槽流入汚水量〔m}^3/\text{日〕}}$$

問題❶ 食物連鎖

生活排水の生物処理における食物連鎖の順序として，**最も適当なもの**は次のうちどれか．

(1) 有機物質 → 細 菌 → 原生動物 → 微小後生動物
(2) 有機物質 → 原生動物 → 微小後生動物 → 細 菌
(3) 有機物質 → 微小後生動物 → 原生動物 → 細 菌
(4) 有機物質 → 細 菌 → 微小後生動物 → 原生動物

解説 細菌は，原生動物や微小後生動物に捕食されるが，微小後生動物や原生動物の死骸を摂取し分解する． 解答▶(1)

マスターPoint p.53の図2.1を覚えておくこと．

問題❷ 汚水の浄化に関する微生物

汚水の浄化に関与する微生物に関する次の記述のうち，**最も不適当なもの**はどれか．

(1) 原生動物の種類やその数は，生物処理の良否を判定する指標として利用される．
(2) 微小後生動物は，処理水の有機物質濃度が比較的高い場合に出現する．
(3) 藻類は，酸化池などの太陽エネルギーを利用した排水処理以外では，浄化に大きな役割を果たすことはない．
(4) 細菌は，溶存酸素の利用の有無により好気性細菌と嫌気性細菌に分類される．

解説 ミジンコやクマムシなどの微小後生動物は，有機物質濃度が比較的低いところに出現し，処理水質が良好なときの指標生物である．また細菌類や原生動物などを摂取するため汚泥の減量に役立つ． 解答▶(2)

問題3　単一粒子の沈降

単一粒子の沈降に関する次の文章中の　　　　　内に当てはまる語句の組合せとして，**最も適当なもの**はどれか．

水中の単一粒子がストークスの式に従って沈降する場合，その沈降速度は　　A　　の2乗に比例し，　　B　　に比例する．

	A	B
(1)	粒子の直径	水と粒子の密度差
(2)	重力加速度	水の粘度
(3)	水と粒子の密度差	重力加速度
(4)	粒子の直径	水の粘度

解説 水処理の沈殿槽のように粒子が比較的遅く沈降する場合はストークスの式が当てはまり，その沈降速度は重力加速度，水と粒子の密度差，粒子の直径の2乗に比例し，水の粘度に反比例する．

解答▶(1)

●ストークスの式●

$$v = \frac{g(\rho' - \rho)d^2}{18\mu}$$

v：沈降速度（cm/秒）

g：重力加速度（cm/秒^2）

μ：水の粘度（g/cm・秒）

ρ', ρ：粒子および水の密度（g/cm^3）

d：粒子の直径（cm）

凝集沈殿処理は，沈殿分離の前に凝集することにより粒子の直径を10倍にできれば，その沈降速度は100倍にもなるので，装置の小型化や処理時間の短縮につながる．

問題4　汚水の浄化方法

汚水処理に関する次の記述のうち，**最も不適当なもの**はどれか．
(1) 嫌気性生物処理では，有機汚濁物質がメタンと二酸化炭素等に転換される．
(2) 好気性生物処理は，溶存酸素の存在下で生育できる微生物によって行われる．
(3) 凝集沈殿処理では，汚水にメタノールを注入し浮遊物質をフロックにして沈殿させる．
(4) 活性炭吸着処理は，COD，色度，臭気の除去に有効である．

解説 凝集剤は硫酸アルミニウム，ポリ塩化アルミニウム，塩化第二鉄などを使用する．

解答▶ (3)

問題5　pH の管理

pH の管理に関する次の記述のうち，**最も不適当なもの**はどれか．
(1) 汚水処理に関与する微生物の至適 pH に系内を維持する．
(2) 凝集分離法では，凝集剤の種類によってフロック生成の適正 pH が異なる．
(3) 水質汚濁防止法による排水基準に適合しているか否かを確認する．
(4) 好気性生物処理において，アンモニアが酸化されると pH が上昇する．

解説 アンモニアが酸化される硝化反応では pH は低下する．

解答▶ (4)

問題6　塩素消毒

塩素消毒に関する次の記述のうち，**最も不適当なもの**はどれか．
(1) 塩素消毒に用いられる消毒剤に塩素化イソシアヌル酸がある．
(2) 塩素は有機物質と反応すると，自らは還元される．
(3) 次亜塩素酸が硝酸イオンと反応すると，クロラミンが生成する．
(4) 遊離型有効塩素は，結合型有効塩素よりも消毒効果が高い．

解説 次亜塩素酸が水中のアンモニアと反応するとクロラミンが生成する．クロラミンとして水中に存在する塩素のことを結合残留塩素と呼ぶ．

解答▶ (3)

問題7　汚水処理技術

次にあげた汚水処理技術のうち，夾雑物（きょうざつぶつ）や粗大固形物の分離に**最も不適当なも**のはどれか．

(1)　沈殿分離　　　(2)　ろ過分離

(3)　浮上分離　　　(4)　スクリーン分離

解説　ろ過は高度処理工程に用いられ，微量の懸濁物質を除去する．　　　　解答▶(2)

●ろ過における捕捉機構●
ろ過における浮遊物質の捕捉機構は，ろ材によるスクリーン作用（ふるい作用），ろ材空隙での沈殿作用，ろ材表面への吸着作用等である．

問題8　生物膜法

生物膜法に関する次の記述のうち，散水ろ床方式として**最も適当なもの**はどれか．

(1)　ろ材に付着した生物膜の上から汚水を流下させて処理を行う．

(2)　生物膜を付着させた円板を動かし，水中と大気中の環境を交互に繰り返しながら処理を行う．

(3)　水没させた接触材に付着した生物膜によって処理を行う．

(4)　ばっ気によって生物膜が付着した担体を水中で流動させて処理を行う．

解説　(2) は回転板接触方式，(3) は接触ばっ気方式，(4) は担体流動方式である．

解答▶(1)

問題⑨ 接触ばっ気法

接触ばっ気法の機能に関する文中，□□□□内に当てはまる語句の組合せとして，**適当なもの**は次のうちどれか.

生物膜が肥厚してくると □ A □ が生物膜の深部に浸透しなくなり，□ B □ 層が形成され，悪臭を発生することがある. このため，接触ばっ気法では保守点検時に生物膜の肥厚状況を十分にチェックし，過剰に肥厚している場合には，□ C □ が必要となる.

	A	B	C
(1)	酸 素	嫌気性	逆 洗
(2)	栄養分	嫌気性	送風量の増加
(3)	酸 素	好気性	送風量の減少
(4)	空 気	好気性	シーディング

解説 生物膜が肥厚すると，ろ材の閉塞や槽内流による生物膜の部分的な剥離が起こり，処理水質を悪化させてしまうので，逆洗操作を行い生物膜を強制的にろ材から剥離させて再生することが必要である.

解答▶(1)

問題⑩ 逆洗

逆洗を必要としない単位装置として，**最も適当なもの**はどれか.

(1) 接触ばっ気槽
(2) 担体流動槽
(3) 生物ろ過槽
(4) 生物ろ過と担体流動を組み合わせた槽

解説 担体流動槽内の担体は，ばっ気により槽内を流動し担体同士が衝突しているので，担体の表面に過剰な生物膜が生成したとしても，自然剥離するため逆洗の必要はない.

解答▶(2)

問題⓫　生物ろ過法

　小型浄化槽に用いられる生物ろ過槽に関する次の記述として，**適当でないもの**はどれか.
(1)　担体に付着した生物膜による生物酸化と物理ろ過を同時に行う方法である.
(2)　窒素の除去を行うため，間欠ばっ気運転が行われている.
(3)　接触ばっ気槽の接触材に比べて，比表面積の大きい担体が充填されている.
(4)　逆洗は，通常，タイマー設定により自動的に行われている.

解説　生物ろ過槽で間欠ばっ気は行わない. 生物ろ過槽は硝化工程に使用し，前段の嫌気ろ床槽へ硝化液を循環し脱窒を行う.　　　　　　　　　　　　　　　　**解答▶(2)**

問題⓬　生物処理法

　浄化槽の生物処理法の説明に関する次の記述のうち，**適当でないもの**はどれか.
(1)　生物ろ過法　　　　　担体に付着した生物膜による生物酸化と物理ろ過を同時に行う.
(2)　担体流動法　　　　　生物膜が付着した担体を流動状態で汚水と接触させることにより生物酸化を行う.
(3)　膜分離活性汚泥法　　膜分離した汚水を生物処理することにより処理効率を高める.
(4)　回分式活性汚泥法　　ばっ気槽と沈殿槽における処理操作を一つの槽で時間的に区分して行う.

解説　生物処理した後に微生物と処理水を膜により固液分離するもので，汚水には油脂分などが含まれ膜に付着し破損の原因となるので，汚水を直接膜分離してはならない.　　**解答▶(3)**

・ファウリング・
膜が目詰まりすることをファウリングといい，膜のろ過水量が減少した場合は，次亜塩素酸ナトリウムなどで洗浄する必要がある. 薬品で洗浄してもろ過水量が回復しない場合は膜の交換が必要になる.

問題13 膜分離活性汚泥法

膜分離活性汚泥法に関する次の記述のうち，**最も不適当なもの**はどれか．
(1) 活性汚泥の分離に精密ろ過膜が用いられる．
(2) 標準活性汚泥法よりも，生物反応槽内に高濃度の MLSS が保持できる．
(3) クリプトスポリジウム汚染対策に効果がある．
(4) 処理水の消毒は不要である．

解説 膜の透過水には SS や大腸菌群などは含まれていないが，膜の破損などが生じた際に
ろ過されていない活性汚泥処理水が流れてしまうおそれがあるため消毒は行う． **解答▶ (4)**

問題14 膜分離活性汚泥法

膜分離活性汚泥法に関する記述のうち，**適当でないもの**はどれか．
(1) 分離膜には平板状や中空糸状などがあり，通常，ばっ気槽に浸漬される．
(2) ばっ気槽内で高い MLSS 濃度が保持できる．
(3) 活性汚泥の滞留時間が長くなるため，増殖速度の遅い細菌も保持できる．
(4) 膜透過水中に含まれる SS を除去するため，沈殿槽が必要である．

解説 膜分離活性汚泥法の目的は，沈殿分離が安定しない沈殿槽を使用しないようにするた
めである．膜分離では SS および大腸菌などの菌類までも除去できる． **解答▶ (4)**

> **マスターPoint**
> ●細菌類の大きさ●
> バクテリアと呼ばれる大腸菌などの細菌類の大きさは直径 0.5～2.0 µm 程度
> であり，膜分離で使用される MF 膜の孔径の 0.1～0.4 µm より大きいので
> 透過できない．

問題 15 生物学的硝化脱窒法

生物学的硝化脱窒法における望ましい条件として，**最も不適当なもの**は次のうちどれか．
(1) 槽内の水温は，13℃ を下回らない．
(2) 流入汚水の BOD 濃度は，窒素濃度の 3 倍を下回らない．
(3) 実流入汚水量が計画汚水量を大幅に下回らない．
(4) 脱窒槽の DO は，1 mg/L を下回らない．

解説 脱窒工程での DO は，脱窒細菌の呼吸作用を妨げるので必要ない．DO が 1.0mg/L 以上なのは，硝化工程である．　　　　　　　　　　　　　　　　　　　　　**解答▶(4)**

● 硝化液の循環比 ●
硝化液の循環比は「循環水量/流入汚水量」の比であり，**窒素の除去率は循環比 1.5 まで比例する**．2.0 を超えると横ばい傾向になり，**構造基準では3〜4 に定められている**．

問題 16 汚水の硝化・脱窒反応

汚水の硝化・脱窒反応に関する次の記述のうち，**最も不適当なもの**はどれか．
(1) 硝化とは，アンモニア性窒素が亜硝酸性窒素，硝酸性窒素に変化する反応である．
(2) 脱窒とは，亜硝酸性窒素あるいは硝酸性窒素が窒素ガスに変化する反応である．
(3) 硝化反応は嫌気性条件化で進行し，脱窒反応は好気性条件下で進行する．
(4) 脱窒反応では，水素供与体としての有機物質が必要である．

解説 硝化反応は好気性条件下で進行し，脱窒反応は嫌気性条件下で進行する．　**解答▶(3)**

問題17 循環比

下記の条件で運転されている窒素除去型小型浄化槽の循環比として，**最も近い値**はどれか．

(1) 1
(2) 2
(3) 3
(4) 4

〔条　件〕
処理対象人員：7 人
日平均汚水量：200 L/(人・日)
循環水量　　：3.0 L/分

解説 1日当たりの循環水量は，3.0 L/分×60 分×24 時間＝4 320 L/日で，汚水量は 200 L/(人・日)×7 人＝1400 L/日

よって，循環比：4320L/日÷1400L/日≒3　　　　　**解答▶(3)**

問題18 BOD/窒素比の計算

流入汚水の水量が 100 m³/日，T-N 濃度が 50 mg/L で，放流水の T-N 濃度が 10 mg/L 以下の性能が要求されている浄化槽がある．除去 T-N 量の 3 倍の BOD 量が必要であるとすると，流入汚水量に必要な BOD 量として，**適当なもの**はどれか．

(1) 4 kg/日　　(2) 6 kg/日　　(3) 9 kg/日　　(4) 12 kg/日

解説 除去すべき窒素量は，流入窒素量－放流窒素量より

100 m³/日×(50 g/m³－10 g/m³)×1/1 000＝4 kg/日

必要な BOD 量は 4 kg/日×3＝12 kg/日となる．　　　**解答▶(4)**

マスターPoint ●〔mg/L〕●
BOD や窒素などの濃度を使用する計算問題のときは，m³ を基準にして求める場合が多いので，〔mg/L〕を〔g/m³〕に置き換えて計算するとよい．

問題⑲　高度処理

　高度処理における除去対象物質とその処理方法の組合せとして，**最も不適当な**ものは次のうちどれか.

	除去対象物質	処理方法
(1)	リ　ン	オゾン酸化法
(2)	窒　素	生物学的硝化脱窒法
(3)	浮遊物質	凝集分離法
(4)	色度成分	活性炭吸着法

解説 リンの処理方法としては，嫌気・好気活性汚泥法，凝集沈殿法，鉄電解法などがある.

解答 ▶ (1)

問題⑳　ばっ気

　ばっ気に関する次の記述のうち，**最も不適当な**ものはどれか.
(1) ばっ気の目的には，微生物に対する酸素供給と槽内水の撹拌がある.
(2) 空気中には，約 21 % の酸素が含まれる.
(3) ばっ気強度とは，単位容量当たりの空気供給量である.
(4) 飽和溶存酸素濃度は，水温が高いほど高くなる.

解説 飽和溶存酸素濃度は水温が低いほど高くなる.

解答 ▶ (4)

●酸素溶解速度●
酸素溶解速度は飽和溶存酸素濃度と実際の溶存酸素濃度の差に比例して大きくなる. この差を溶存酸素不足量という.

問題**21** **指標と計算式**

浄化槽の設計に関する指標と計算式の組合せのうち，**適当でないもの**はどれか．

指　標　　　　　　　　　　　　　　計算式

(1) BOD 容積負荷 $\dfrac{流入汚水量〔m^3/日〕×流入汚水のBOD〔mg/L〕}{ばっ気槽容量〔m^3〕} × \dfrac{1}{1\,000}$

(2) 越流せき負荷 $\dfrac{沈殿槽の越流せきの長さ〔m〕}{流入汚水量〔m^3/日〕}$

(3) ばっ気強度 $\dfrac{ばっ気空気量〔m^3/時〕}{ばっ気槽容量〔m^3〕}$

(4) 水面積負荷 $\dfrac{流入汚水量〔m^3/日〕}{沈殿槽の水面積〔m^2〕}$

解説 越流せきの長さ 1 m 当たり 1 日に流入する日平均汚水量のことで，〔$m^3/(m\cdot日)$〕で表す．よって分母分子が逆である．　　　　　　　　　　　　　　　　　　　**解答▶ (2)**

問題**22** **指標の説明**

浄化槽の設計に関する用語の説明のうち，**誤っているもの**はどれか．

(1) 滞留時間は，槽の有効容量を単位時間当たりの流入汚水量で除したものをいう．

(2) BOD 容積負荷は，ばっ気槽の単位容積当たりに流入する汚水の BOD 濃度をいう．

(3) 越流せき負荷は，沈殿槽の越流せきの単位長さ当たりに越流する日平均汚水量をいう．

(4) 水面積負荷は，沈殿槽の単位水面積当たりに流入する日平均汚水量をいう．

解説 ばっ気槽の単位容積当たりに流入する汚水の BOD 濃度ではなく，BOD 量のことである．　　　　　　　　　　　　　　　　　　　　　　　　　　　　　　　　**解答▶ (2)**

問題23　余剰汚泥

余剰汚泥に関する次の記述のうち，**最も適当なもの**はどれか．

(1) 除去 BOD に対する汚泥生成率は，一般的に，長時間ばっ気方式のほうが標準活性汚泥方式より高くなる．

(2) 含水率 98％の余剰汚泥を含水率 96％ に濃縮すると，汚泥の容量は約 1/2 になる．

(3) 生物膜法では，活性汚泥法と比べて余剰汚泥発生量が多くなる傾向がある．

(4) 凝集沈殿処理を行うことにより，余剰汚泥の発生量を減少させることができる．

解説 (1) 標準活性汚泥方式の欠点である余剰汚泥の多さを解決するために開発されたのが長時間ばっ気方式である．

(3) 生物膜法はろ材に固定された汚泥の保持量が多く余剰汚泥は少ない．

(4) 凝集沈殿処理を行うと BOD，COD，リンなどの除去が期待できるが余剰汚泥は多くなる．

解答▶(2)

問題24　BOD-MLSS 負荷

日平均水量 40 m³/日，BOD 250 mg/L の汚水を有効容量 40 m³ の長時間ばっ気方式のばっ気槽で処理する．このばっ気槽に活性汚泥（MLSS）100 kg が保持されているときの BOD-MLSS 負荷として**正しい値**は次のうちどれか．

(1) 0.10 kg/(kg・日)

(2) 0.25 kg/(kg・日)

(3) 0.40 kg/(kg・日)

(4) 1.00 kg/(kg・日)

解説 BOD 量は

$$40 \, \text{m}^3/\text{日} \times 250 \, \text{g/m}^3 \times \frac{1}{1\,000} = 10 \, \text{kg/日}$$

BOD-MLSS 負荷は

$$\frac{10 \, \text{kg/日}}{100 \, \text{kg}} = 0.10 \, \text{kg/(kg・日)}$$

解答▶(1)

問題25 含水率

含水率98%の汚泥15 m³と，含水率96%の汚泥5 m³を混合したときの含水率として，**最も適当な値**は次のうちどれか．

(1) 96.5%
(2) 97.0%
(3) 97.5%
(4) 97.8%

解説 それぞれの汚泥含有率は

$$15\,\mathrm{m^3} \times \frac{100 - 98}{100} = 0.3\,\mathrm{m^3}$$

$$5\,\mathrm{m^3} \times \frac{100 - 96}{100} = 0.2\,\mathrm{m^3}$$

$$0.3\,\mathrm{m^3} + 0.2\,\mathrm{m^3} = 0.5\,\mathrm{m^3}$$

混合汚泥量は 15〔m³〕+ 5〔m³〕= 20〔m³〕

含水率は

$$\frac{(20 - 0.5)\,〔\mathrm{m^3}〕}{20\,〔\mathrm{m^3}〕} \times 100 = 97.5\,〔\%〕$$

解答▶(3)

問題26 濃縮汚泥量

水分99.5%の汚泥10 m³を濃縮して水分98.5%にした場合，濃縮汚泥量として，**最も近い値**はどれか．

(1) 0.5 m³
(2) 1.5 m³
(3) 3.3 m³
(4) 5.0 m³

解説

$$10\,〔\mathrm{m^3}〕 \times (100 - 99.5) = V' \times (100 - 98.5)$$

$$V' = 10\,〔\mathrm{m^3}〕 \times 0.5 / 1.5$$

より

$$V' ≒ 3.3$$

解答▶(3)

問題27　濃縮汚泥の水分

　水分 99.5％の余剰汚泥 10 m^3 を濃縮して容量を 2.5 m^3 にした場合，濃縮汚泥の水分として，**最も近い値**はどれか．

(1)　99％

(2)　98％

(3)　97％

(4)　96％

解説

　　10 m^3 × (100 − 99.5) = 2.5 m^3 × (100 − P′)

　　5 m^3 / 2.5 m^3 = (100 − P′)

より

　　P′ = 98

解答▶(2)

問題28　BOD 容積負荷

　日平均汚水量 200 m^3/日，BOD 200 mg/L の汚水を接触ばっ気方式で処理するとき，接触ばっ気槽の有効容量として，**正しい値**は次のうちどれか．ただし，BOD 容積負荷を 0.5 kg/(m^3·日) とする．

(1)　20 m^3

(2)　40 m^3

(3)　80 m^3

(4)　120 m^3

解説 BOD 量は

$$200\,\text{m}^3/\text{日} × 200\,\text{g/m}^3 × \frac{1}{1\,000} = 40\,\text{kg/日}$$

容積負荷は

$$\frac{40\,\text{kg/日}}{0.5\,\text{kg/(m}^3\text{·日)}} = 80\,\text{m}^3$$

解答▶(3)

2・2 機能と構造

1 浄化槽の一般構造

　浄化槽の一般構造は，すべての浄化槽に共通する基本的な構造で，構造基準により以下のように規定されている．

① 槽の底，周壁および隔壁は，耐水材料で造り，**漏水しない構造**とする．

② 槽は，土圧，水圧，自重およびその他の荷重に対して**安全な構造**とする．

③ 腐食，変形等のおそれのある部分には，**腐食，変形等のし難い材料**または有効な**防腐，補強等**の措置をした材料を使用する．

④ 槽の天井がふたを兼ねる場合を除き，天井にはマンホール（径 **45 cm**（処理対象人員が **51 人以上の場合は，60 cm**）以上の円が内接するものに限る）を設け，密閉することができる耐水材料または鋳鉄で造られたふたを設ける．

⑤ 通気および排気のための開口部は，**雨水，土砂等の流入を防止することができる構造**とし，昆虫類が発生するおそれのある部分に設けるものには，**防虫網を設ける**．

⑥ 悪臭を生ずるおそれのある部分は，密閉するか臭突その他の防臭装置を設ける．

⑦ 機器類は，長時間の連続運転に対して**故障が生じ難い堅牢な構造**とし，振動および騒音を防止できる構造とする．

⑧ 流入水量，負荷量等の著しい変動に対して**機能上支障がない構造**とする．

⑨ 合併処理浄化槽に接続する配管は，**閉塞，逆流および漏水を生じない構造**とする．

⑩ 槽の点検，保守，汚泥の管理および清掃を容易かつ安全にすることができる構造とし，必要に応じて換気のための措置を講ずる．

⑪ 汚水の温度低下により処理機能に支障が生じない構造とする．

⑫ 調整および計量が適切に行われる構造とする．

⑬ 合併処理浄化槽として**衛生上支障がない構造**とする．

2 — 小型合併処理浄化槽

1. 分離接触ばっ気方式

●フローシート

a) 5〜30 人

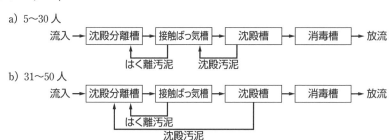

b) 31〜50 人

図 2・13 分離接触ばっ気方式（構造方法第 1- — BOD 20 mg/L 以下 5〜50 人）

●沈殿分離槽

① 機　能

・流入汚水中の固形物を**沈降分離**する.

・分離した固形物等を**一定期間貯留**する.

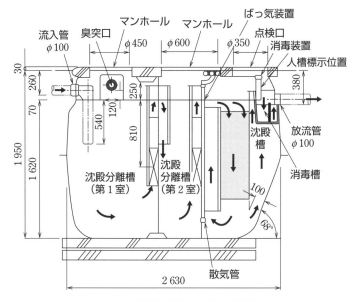

図 2・14 分離接触ばっ気方式の構造例

・BOD 除去率は 0％ として扱う．固形物の沈降分離による BOD 除去と嫌気性可溶化による BOD 上昇で相殺されるためである．

② 構　造

・2室以上に区切り直列に接続する．2室型の場合は第1室と第2室の有効容量は 2：1 とする．

・3室型の場合は第1室：第2室：第3室の比は 2：1：1 とする．

・有効水深は，5～10 人槽は 1.2 m 以上，11～50 人槽は 1.5 m 以上とする．

・流入管径は，5～10 人槽は 100 mm 以上，11～50 人槽は 125 mm 以上とする．

・流入管の開口部の位置は有効水深に対して，水面から 1/4 ～ 1/3 の高さとし，流出管の開口部は 1/3～1/2 の深さとする．これは貯留された**スカム**の巻上げを防ぐためである．

・流入管と流出管の平面上での位置関係は短絡流を防ぐため**対角あるいは，流出を2か所**とする．

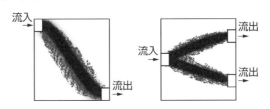

図 2・15　流入流出の位置関係（平面上）

●接触ばっ気槽

① 機　能

プラスチック素材でできた接触材を槽内に設置し，ばっ気装置によってばっ気することで，汚水を循環対流させ，接触材の生物膜と接触させ処理を行う．

② 構　造

・有効容量に対する接触材の**充填率**はおおむね 55％ とする．

・接触材が充填されていない箇所で水流が短絡しない構造とする．

・接触材は，生物膜が付着しやすく閉塞が生じにくくなるように，空隙率が大きく比表面積も大きい構造とする．

・有効容量が 5.2 m³（31 人槽以上）を超

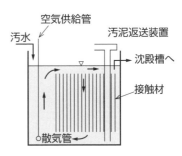

図 2・16　接触ばっ気槽の構造

える場合は，2 室に区分し第 1 室の有効容量は全体の約 3/5 とする.
- ばっ気装置は室内の**汚水**を均等に撹拌し，DO 濃度をおおむね 1.0 mg/L に保持できるように十分な酸素を供給する.
- 生物膜を効率よく**逆洗**，はく離できる機能をもち，はく離汚泥を沈殿分離槽に移送できる構造とする.
- ポンプ等により移送する場合には，**移送量を調整できる構造**とする.
- 汚泥移送管の配管途中には，容易に掃除ができるように**掃除孔等を設ける**.
- 汚泥移送管の吐出開口部は，流入管の開口部のバッフル内に流入させる.
- 空気配管には必ず**空気量調整用逃し配管を設ける**.
- 清掃用のサクションホースの入るスペースを確保する.

●沈殿槽

① 機　能
- 接触ばっ気槽からの流出排水中の浮遊汚泥を，**沈殿汚泥と清澄な上澄水に固液分離**する.
- 沈殿分離した汚泥が腐敗したり，スカムが生成しないように，**沈殿分離槽あるいは接触ばっ気槽へ移送**する.

② 構　造

i) スロット型
- **30 人槽（1.5 m³）以下**の場合に用いる.
- 接触ばっ気槽との隔壁下部の開口から沈殿槽へ移流する.
- 沈殿槽の沈殿汚泥は 60° 以上のスロットから接触ばっ気槽へ引き込まれる.
- 槽内の水の流れは上向流で，汚泥の巻上げやスカムの生成が生じない構造とする.

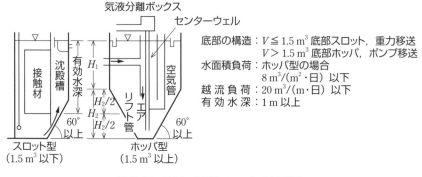

図 2·17　スロット型とホッパー型の構造

ii) ホッパー型

・31 人槽（1.5 m³）以上の場合に用いる.

・独立した構造で接触ばっ気槽からの浮遊汚泥は，流入管によりセンターウェルを経て 60° 以上の角度のホッパー沈殿部に流入する.

・固液分離された上澄水は槽上部の越流せきを越流し，浮遊汚泥はホッパー沈殿部へ集泥された後，ポンプにより自動的に引き抜かれ沈殿分離槽へ移送される.

・沈殿槽の平面形状は円形および正多角形とし，槽内の水の流れは上向流とする.

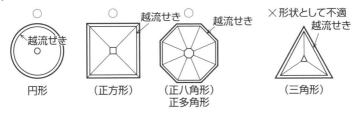

図 2・18　沈殿槽の平面形状例

・ホッパー底部の形状は円形か正方形とし，一辺 45 cm 以下とする. 有効容量が 3 m³ 以下の場合は 30 cm³ 以下とすることが望ましい.

・集泥された汚泥は，ポンプにより自動で間欠的に移送する必要があるので，汚泥の引き抜きはタイマー制御とし，2 段作動で 1 段目は 24 時間計，2 段目は秒刻で設定できるものが望ましい.

・有効水深は 1.0 m 以上でホッパー部の高さの 1/2 は含まないものとする.

・滞留時間が 1.5 時間以上確保できる容量とする.

●消毒槽

① 機　能

・沈殿槽からの流出水に必要量の塩素を添加し，塩素と処理水を確実に混和し有効に消毒を行う.

② 構　造

・消毒槽は，消毒剤の貯留・添加装置および消毒剤と処理水とを十分に接触するための水槽から構成される.

・消毒剤から発生する塩素ガスは，腐食性が強く人体に極めて有毒であるので，消毒装置は余分な塩素ガスを大気中へ拡散できる構造とする.

・薬剤筒には固形の消毒剤として，次亜塩素酸カルシウム錠や塩素化イソシア

ヌル酸錠を用い，薬剤筒下部のスリットの開口度により，消毒剤と沈殿槽流
出水の接触量を調整することで，沈殿槽流出水中の塩素濃度を 10 mg/L と
する．

・薬剤筒の支持は鉛直にしっかりと 2 点以上で固定するとともに，薬剤筒の着
脱が容易かつ確実にできるようにする．

・処理水と塩素を十分接触させるため，バッフルを設けた迂回流構造などに
し，消毒槽内の滞留時間は 15 分間以上とする．

・沈殿物等の堆積防止，清掃の容易性を考慮し，消毒槽内の有効水深は 1 m
以下とし，槽内流速は 0.6 m/秒以上を確保する．

・塩素注入後の処理水が沈殿槽へ逆流しないよう，50 mm 以上の落差を設け
る．

2.　嫌気ろ床接触ばっ気方式

● フローシート

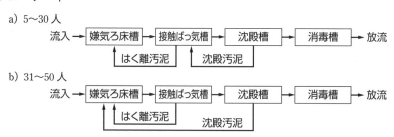

a) 5〜30 人

流入 → 嫌気ろ床槽 → 接触ばっ気槽 → 沈殿槽 → 消毒槽 → 放流
　　　　　↑はく離汚泥　　　↑沈殿汚泥

b) 31〜50 人

流入 → 嫌気ろ床槽 → 接触ばっ気槽 → 沈殿槽 → 消毒槽 → 放流
　　　　　↑はく離汚泥　　　　沈殿汚泥

図 2·19　嫌気ろ床槽ばっ気方式（構造方法第 1-二，BOD 20 mg/L 以下，5〜50 人）

● 嫌気ろ床槽

① 機　能

・流入汚水中の固形物の分離と，分離した固形物を一定期間貯留する．

・槽内にろ材を充填することで傾斜板沈殿効果やろ過効果が期待できる．

・ろ材の嫌気性生物膜により，BOD 除去と汚泥減容化が期待できるが，前述
の沈殿分離槽同様に，貯留汚泥の可溶化反応の進行によって相殺されるの
で，BOD 除去率は 0% として取り扱う．

② 構　造

・沈殿分離槽に比べ有効容量が小さい．有効水深が同じで接触ばっ気槽と有効
容量が同じことから幅も同じになるので，長さを縮めることで調整する．

・槽の幅：第 1 室長さ：第 2 室長さ＝ 1：0.6：0.4 より小さくならないこ
とが望ましい．

- 嫌気ろ床槽内に貯留される汚泥，スカムの量は，第2室より第1室のほうがはるかに多い．**第1室の貯留容積の確保**のため，ろ材の充填量は**第1室40%，第2室60%** とする.
- ろ材は接触ばっ気槽で使用するものと同じ形状のものを用いることが多い．これは清掃時に蓄積された汚泥を**容易にはく離でき，洗い出せる形状**だからである.
- 清掃作業時に槽底部の汚泥を引き出すために，バキューム用のサクションホースが入る **15 cm 以上の清掃孔**が必要である．流出口と兼用することもできる．**嫌気ろ床槽の長さ 1.5 m までは清掃孔 1 個**，1.5 m 以上の場合，1.5 m ごとに 1 個必要である.

3. 脱窒ろ床接触ばっ気方式

●フローシート

a) 5〜30 人

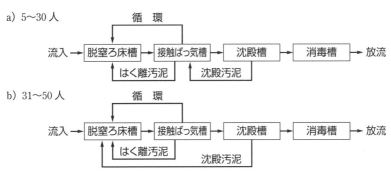

図2・20　脱窒ろ床接触ばっ気方式（構造方法第1-三　BOD 20 mg/L 以下，
T-N 20 mg/L 以下，5〜50 人）

●脱窒ろ床槽

① 機　能

- **固液分離槽，汚泥貯留槽，脱窒反応槽**の機能をもち，脱窒機能以外は嫌気ろ床槽と同様である.

② 構　造

- 有効容量は，沈殿分離槽，嫌気ろ床槽よりも**脱窒反応を行うため基礎容量，加算容量とも大きくなる**.
- 短絡流を防ぎ，押し出し流れとなるように，**2 室に分け直列に接続**する.
- 第1室の有効容量は，**全容量の 1/2〜2/3** となるようにする.

●接触ばっ気槽

① 機　能
・流入水中のアンモニア性窒素を亜硝酸性窒素や硝酸性窒素まで酸化させる.
② 構　造
・硝化反応を行うため，沈殿分離槽，嫌気ろ床槽より基礎容量，加算容量とも大きい.
・有効容量が 5.08 m³（18 人槽以上）を超える場合は，2 室に区分し第 1 室の有効容量は全体の約 3/5 とする.
・硝化液を定量的に安定して脱窒ろ床槽へ循環できる，間欠定量ポンプなどの循環装置を設ける．循環水量は流入量に対して 300〜400% で運転する．この循環装置は，はく離汚泥の移送を兼ねてもよい.

表 2・1　小型合併処理浄化槽における処理方式別有効容量の比較

処理対象人員	分離接触ばっ気方式	嫌気ろ床接触ばっ気方式	脱窒ろ床接触ばっ気方式
$n=5$ $6 \leqq n \leqq 10$ $11 \leqq n \leqq 50$	沈殿分離槽 $V = 2.5$ $V = 2.5 + 0.5(n-5)$ $V = 5.0 + 0.25(n-10)$	嫌気ろ床槽 $V = 1.5$ $V = 1.5 + 0.4(n-5)$ $V = 3.5 + 0.2(n-10)$	脱窒ろ床槽 $V = 2.5$ $V = 2.5 + 0.5(n-5)$ $V = 5.0 + 0.3(n-10)$
$n=5$ $6 \leqq n \leqq 10$ $11 \leqq n \leqq 50$	接触ばっ気槽 $V = 1.0$ $V = 1.0 + 0.2(n-5)$ $V = 2.0 + 0.16(n-10)$	接触ばっ気槽 $V = 1.0$ $V = 1.0 + 0.2(n-5)$ $V = 2.0 + 0.16(n-10)$	接触ばっ気槽 $V = 1.5$ $V = 1.5 + 0.3(n-5)$ $V = 3.0 + 0.26(n-10)$
$n=5$ $6 \leqq n \leqq 10$ $11 \leqq n \leqq 50$	沈殿槽 $V = 0.3$ $V = 0.3 + 0.08(n-5)$ $V = 0.7 + 0.04(n-10)$	沈殿槽 $V = 0.3$ $V = 0.3 + 0.08(n-5)$ $V = 0.7 + 0.04(n-10)$	沈殿槽 $V = 0.3$ $V = 0.3 + 0.08(n-5)$ $V = 0.7 + 0.04(n-10)$
総容量 5 人	3.8 m³	2.8 m³	4.3 m³
6 人	4.58 m³	3.48 m³	5.18 m³
7 人	5.36 m³	4.16 m³	6.06 m³
8 人	6.14 m³	4.84 m³	6.94 m³
10 人	7.8 m³	6.2 m³	8.7 m³

●その他の単位装置

　ばっ気量が大きいため泡立ちが起こりやすいので，処理対象人員が 18 人を超える場合は消泡装置を設ける．消泡剤は液状消泡剤の添加か固形消泡剤を槽内に吊るす.

4.　性能評価型小型合併浄化槽

　小容量型の小型合併処理浄化槽のフローを示す.
　いずれの場合も浄化槽の槽容量は，告示第 1 第二の嫌気ろ床接触ばっ気方式よ

り 30％ほど小さいため，通称，「コンパクト型」と呼ばれている．

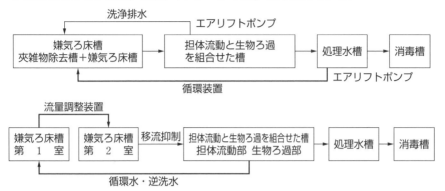

図 2・21　小型合併処理浄化槽のフロー

3 ▶中，大型合併処理浄化槽の単位装置

1. 沈殿分離槽

・小型合併浄化槽と機能および構造は同様である．

・有効水深は 1.8～5 m であり，2～3 室が直列に接続されている．

・流入管の下部に阻流板などを設け，沈殿汚泥の巻上げを防止する．

・流入管と流出管の位置は図 2・22 の通りである．

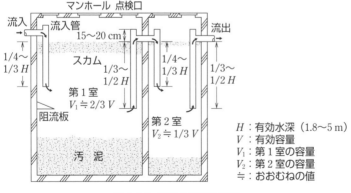

H：有効水深（1.8～5 m）
V：有効容量
V_1：第 1 室の容量
V_2：第 2 室の容量
≒：おおむねの値

図 2・22　沈殿分離槽の構造

2. スクリーン設備

・荒目スクリーンの目幅はおおむね 50 mm 程度とし，スクリーンに付着した汚

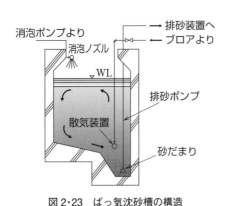

図2・23 ばっ気沈砂槽の構造

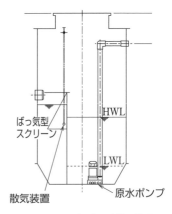

図2・24 原水ポンプ槽の構造

物等を除去できる装置を設ける．また，除去した汚物等を貯留し容易に清掃できる構造とする．

・処理対象人員が501人以上で流量調整槽の前に微細目スクリーンを設ける場合は，破砕装置を設ける．

・微細目スクリーンには，付着した汚物等を自動的に除去できる装置を設け，スクリーンから除去した汚物等を貯留し，容易に清掃できる構造とする．また，目幅5mm以下のスクリーンを備えた副水路を設ける．

・沈砂槽には排砂装置，排砂槽等を設ける．

・過負荷による溢水や，閉塞・漏電等によるモーター停止に備えるため，副水路のゲート板には非常用逃し口を設ける．

●流量調整槽に前置する原水ポンプ槽

・有効容量は計画時間最大汚水量の15分間分程度の容量以上とする．また，計量調整移送装置を設置する．

・荒目スクリーン，沈砂槽またはばっ気沈砂槽（処理対象人員が500人以下は，ばっ気型スクリーンでも可）を設ける．

・必要に応じて槽内の撹拌，混合のために汚水を撹拌する装置を設ける．

・槽内水位異常対策として非常用ポンプの設置を考慮する．

・ポンプ故障や異常に水位が上昇した場合の対策として警報装置を設ける．

●沈殿分離槽に前置する原水ポンプ槽

・有効容量は計画時間最大汚水量の15分間の容量以上とし，流量調整機能上必要とされる容量を加算する．また，計量調整移送装置を設置する．その他の構

造は，流量調整槽に前置する原水ポンプ槽の場合と同様である．

3.　流量調整槽

・計量調整移送装置は，移送汚水量を容易に調整し，かつ，計量できるよう見やすい部分に m^3/時等の目盛り板を設ける．また，水量調整は越流式のゲート板の操作によるものとする．なお，流量調整槽から移送する1時間当たりの汚水量は，流量調整槽に流入する日平均汚水量の1/24以下となる構造にする．

・槽内水位異常対策として溢流防止用配管または非常用ポンプを設ける．

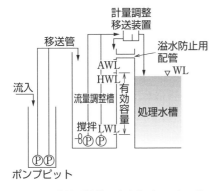

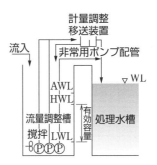

図2・25　流量調整槽の高水位（HWL）が処理水槽水位（WL）より高い位置にある場合の例

図2・26　流量調整槽の高水位（HWL）が処理水槽水位（WL）より低い位置にある場合の例

4.　沈　殿　槽

・汚泥を有効に集積し，かつ，自動的に引き抜いて，汚泥濃縮貯留槽または汚泥濃縮設備へ移送するとともに，ばっ気槽へ日平均汚水量の2倍以上の汚泥を1日に移送できる構造とする．返送汚泥量を容易に調整し，計量できる装置を設け，汚泥返送用配管の配管途中には，容易に掃除ができるように掃除孔等を設けること．

・有効水深は，処理対象人員が101〜500人では1.5 m以上とし，501人以上では2 m以上とする．ただし，ホッパー部の高さの1/2は含まないものとする．

・空気配管がばっ気用とエアリフト用共用の場合においては，エアリフトの空気吹出し位置をばっ気槽散気管吹出し位置よりも0.3〜0.5 m浅くし，浮上物を除去できる装置を設ける．浮上物の返送先は，汚泥濃縮貯留槽または汚泥濃縮設備とする．また，水面，越流せき部，バッフル板裏側等に点検し難い部分が生じないようにする．

5．汚泥濃縮貯留槽

・槽の底部はホッパー型とし，勾配は45°以上とし，有効水深は1.5〜5mとする．また，槽内を撹拌できる装置を設けること．

・脱離液の移送先は流量調整槽またはばっ気槽のいずれかとする．脱離液の移送先を流量調整槽にする場合は，移送管の高さは流量調整槽の溢流防止用配管よりも上部とすること．

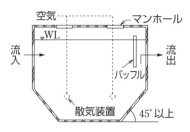

図2・27　汚泥濃縮貯留槽の構造

6．汚泥濃縮設備（汚泥濃縮槽または汚泥濃縮装置）

・汚泥濃縮槽の有効水深は2〜5m以下とし，汚泥掻き寄せ装置を設ける場合は，槽の底部の勾配は5/100以上とする．また，汚泥掻き寄せ装置を設けない場合は槽の底部をホッパー型とし，勾配は45°以上とすること．また汚泥濃縮装置は，機械的設備により濃縮汚泥中の固形物の濃度をおおむね4%程度に濃縮し脱離液と濃縮汚泥に分離できる構造とすること．

・脱離液の移送管の高さは，流量調整槽の溢流防止用配管よりも上部にする．また，脱離液の送り先は流量調整槽またはばっ気槽のいずれかへ，濃縮汚泥は汚泥貯留槽とすること．

7．汚泥貯留槽

汚泥の搬出を容易に行うことができるよう，4m²に1か所程度の割合でマンホールなどによる搬出口を設けること．槽内を撹拌できる装置を設け，脱離液の移送管は設けずに，全量搬出とする．

8．消泡装置

・消泡剤を用いる場合は，消泡剤を適正量添加できる構造とすること．

・消泡ポンプ槽を設ける場合は，消泡ポンプの吸込口を槽底部より高くするか，消泡ノズルの形状を考慮して閉塞しないようにする．また，消泡ノズルは水面の全幅をカバーできるように設置すること．

問題 1 構造基準の一般構造

構造基準（建設省告示第1292号，最終改正平成18年1月国土交通省告示第154号に定める構造方法）の第1第四号の「一般構造」に関する記述のうち，**最も不適当なもの**は次のうちどれか．ただし，処理対象人員は51人以上とする．

(1) 腐食などのおそれがある配管部分は，容易に交換ができる安価な部品とする．

(2) 流入汚水管の起点，屈曲点，合流点には，点検用の升を設ける．

(3) 槽の天井がふたを兼ねる場合を除き，天井には径60cm以上のマンホールを設ける．

(4) 悪臭が生じるおそれのある部分は，密閉するか，臭突その他の防臭装置を設ける．

解説 配管など腐食や変形しやすい部分には，腐食性，耐久性，耐衝撃性，耐薬品性に優れた材料を使用し，必要に応じて防食塗装を行う．

解答▶(1)

問題 2 嫌気ろ床槽

現行の構造基準（建設省告示第1292号，最終改正 平成18年1月国土交通省告示第154号に定める構造方法）の第1に示されている嫌気ろ床槽に関する次の記述のうち，**最も適当なもの**はどれか．

(1) 第1室の有効容量を嫌気ろ床槽全体のおおむね2/5とする．

(2) BOD除去率を30%として取り扱う．

(3) ろ材のSS捕捉性が強い場合，第1室のろ材充填位置を比較的高くする．

(4) ろ材の充填率は，第1室がおおむね40%，第2室以降がおおむね60%である．

解説 (1) 第1室の有効容量は嫌気ろ床槽全体の1/2〜2/3とする．(2) BOD除去率は0%として考える．(3) ろ材のSS捕捉性が強い場合，第1室のろ材充填位置は低くする．

解答▶(4)

問題3　硝化液循環活性汚泥方式

　下図は，硝化液循環活性汚泥方式のフローシートを示したものである．脱窒槽で進行している反応として，最も不適当なものは次のうちどれか．

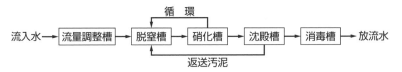

- (1)　アンモニア性窒素の酸化
- (2)　硝酸性窒素の還元
- (3)　アルカリ度の生成
- (4)　窒素ガスの生成

解説　アンモニア性窒素の酸化は硝化槽で行われる．　　　　　　　**解答▶(1)**

問題4　接触ばっ気槽

　小型浄化槽の接触ばっ気槽を設計する場合の留意事項として，**最も不適当なもの**はどれか．

- (1)　汚水を均等に撹拌し，生物処理を十分行うことができる空気量を供給する．
- (2)　接触材は，生物膜が付着しやすく，かつ閉塞を生じにくい形状のものを選定する．
- (3)　逆洗装置は，接触材全体が逆洗でき，容易に操作できる構造とする．
- (4)　消泡装置を設ける場合は，スプレー式とする．

解説　消泡剤は液状消泡剤の添加か固形消泡剤を槽内に吊るす．　　**解答▶(4)**

マスターPoint　●逆洗●
接触材に付着した生物膜は，時間の経過とともに徐々に肥厚し接触材を閉塞させ処理機能を低下させる．このため逆洗することで過剰な生物膜を剥離させ処理の安定を図る．

問題5　接触ばっ気槽

構造方法を定める告示に示された処理対象人員5～50人の浄化槽に用いる接触ばっ気槽に関する次の記述の中で，　　　　　内に当てはまる語句として，正しいものはどれか．

有効容量に対する接触材の充填率はおおむね　A　%とし，槽内の　B　を妨げず，水流が　C　しないように充填する．

	A	B	C
(1)	55	短絡流	循　環
(2)	55	循環流	短　絡
(3)	45	短絡流	循　環
(4)	45	循環流	短　絡

解説 一般に接触ばっ槽には，プラスチック製の板状ろ材を8～10 cmピッチで，充填率55%となるように充填する． **解答▶(2)**

問題6　単位装置の基礎容量

構造方法を定める告示第1に示された，処理対象人員5人の分離接触ばっ気方式，嫌気ろ床接触ばっ気方式および脱窒ろ床接触ばっ気方式の，単位装置の基礎容量に関する記述のうち，**誤っているもの**はどれか．

(1) 嫌気ろ床槽は沈殿分離槽に比べて容量が小さい．
(2) 脱窒ろ床槽は嫌気ろ床槽に比べて容量が大きい．
(3) 接触ばっ気槽の容量は，嫌気ろ床接触ばっ気方式のほうが分離接触ばっ気方式に比べて小さい．
(4) 接触ばっ気槽の容量は，脱窒ろ床接触ばっ気方式のほうが嫌気ろ床接触ばっ気方式に比べて大きい．

解説 p.84の小型合併浄化槽における処理方式別有効容量の比較表2・1を参照． **解答▶(3)**

マスターPoint

● 脱窒ろ床接触ばっ気方式 ●
脱窒ろ床接触ばっ気方式の脱窒ろ床槽・接触ばっ気槽では，窒素を硝化脱窒反応で除去するため処理水（硝化液）を循環するので，他方式に比べ基礎容量，加算容量ともに大きい．

問題7　硝化液循環活性汚泥方式

　構造基準（建設省告示第 1292 号，最終改正　平成 18 年 1 月国土交通省告示第 154 号に定める構造方法）の第 9，第 10，第 11 の放流水の窒素濃度及びリン濃度の組み合わせとして，**正しいもの**は次のうちどれか.

告示区分	第 9		第 10		第 11	
処理性能	T-N (mg/L)	T-P (mg/L)	T-N (mg/L)	T-P (mg/L)	T-N (mg/L)	T-P (mg/L)
(1)	20	3	10	2	5	1
(2)	20	1	15	1	10	1
(3)	20	1	10	1	5	1
(4)	20	3	15	2	10	1

解説　構造基準第 9，第 10，第 11 は凝集沈殿によるリンの処理方式であり，放流水濃度は 1 mg/L である．また窒素処理では第 9，第 10，第 11 の順に脱窒を行う槽の容量が大きくなり，処理時間が長くなるため窒素除去能力も高くなる．　　　　　　　　　　　**解答▶(2)**

問題8　スロット型沈殿槽

　構造方法を定める告示に示されたスロット型沈殿槽に関する記述のうち，**誤っているもの**はどれか.
(1)　槽内の水の流れは上向流である.
(2)　処理対象人員 30 人以下の場合に適用される.
(3)　汚泥返送装置は不要である.
(4)　流入水量を用いて有効容量を算定する.

解説　沈殿槽の有効容量算定式は処理対象人員を用いる．　　　　　　　　　　　**解答▶(4)**

問題 9 　ホッパー型沈殿槽

　下図に示す沈殿槽のうち，ホッパー型沈殿槽の形状を示すものとして，**最も適当なもの**は次のうちどれか.

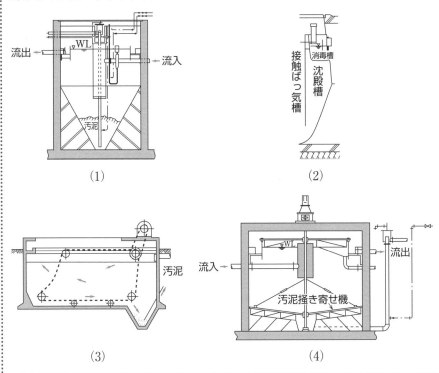

(1)

(2)

(3)

(4)

解説 (2) スロット型沈殿槽. (3) 角型沈殿槽で汚泥掻き寄せ装置はチェーンフライト式.
(4) 円形型沈殿槽で汚泥掻き寄せ装置は回転レーキ式.　　　　　　　　　　　**解答▶(1)**

問題⑩　ホッパー型沈殿槽

処理対象人員 500 人までの浄化槽におけるホッパー型沈殿槽の付帯設備として，**最も不適当なもの**は次のうちどれか．

(1)　スカムスキマ

(2)　センターウェル

(3)　汚泥掻き寄せ機

(4)　汚泥移送ポンプ

解説　ホッパー型沈殿槽は 60°以上のホッパー底部とした構造なので，汚泥は自重で中心部に集泥される．よって汚泥掻き寄せ機は不要である．　　　　　　　**解答▶(3)**

●センターウェル●

センターウェルとは，ばっ気槽などの生物処理槽から沈殿槽に汚水が流入する際に，その流速で沈殿分離を妨げないようにするため槽の中心に設置される整流筒のことである．

問題⑪　汚泥処理設備

浄化槽で用いられる汚泥処理設備に関する次の記述のうち，**最も不適当なもの**はどれか．

(1)　汚泥の濃縮には，一般的に重力濃縮法が用いられている．

(2)　汚泥濃縮槽の基本構造は，沈殿槽と類似している．

(3)　汚泥濃縮貯留槽の槽底部付近には，撹拌装置を設ける．

(4)　汚泥貯留槽の槽底部は，水平面に対し 60°以上のホッパー構造とする．

解説　汚泥濃縮槽は 45°以上のホッパーとしなければならないが，汚泥貯留槽はホッパー構造としなくてよい．　　　　　　　**解答▶(4)**

問題12 窒素除去型小型浄化槽（性能評価型）

窒素除去型小型浄化槽（性能評価型）に関する記述のうち，**最も不適当なもの**はどれか．

(1) 生物反応槽として接触ばっ気槽，担体流動槽，生物ろ過槽などが採用されている．

(2) 担体流動槽や生物ろ過槽には，担体が充填されている．

(3) 多くは流量調整機能を有している．

(4) 生物ろ過槽の逆洗は，保守点検時に手動で行うことが基本である．

解説 逆洗は通常タイマー設定により，1日1回深夜などに自動的に行われている．保守点検時では間に合わない． **解答▶(4)**

問題13 性能評価型小型浄化槽の単位装置

性能評価型小型浄化槽に用いられる単位装置の組合せとして，**最も適当なもの**は次のうちどれか．

(1) 夾雑物除去槽－嫌気ろ床槽－生物ろ過槽－処理水槽

(2) 夾雑物除去槽－生物ろ過槽－担体流動槽－沈殿槽

(3) 嫌気ろ床槽（1室，2室）－担体流動槽－処理水槽

(4) 嫌気ろ床槽（1室，2室）－生物ろ過槽－沈殿槽

解説 (2) 夾雑物除去槽は嫌気ろ床槽と組み合わせる．(3) 担体流動槽の後は固液分離槽を組み合わせる．(4) 生物ろ過槽が沈殿槽の役割を担う． **解答▶(1)**

問題⑭　間欠定量ポンプの工程

　図に生物ろ過槽へ汚水を移送する間欠定量ポンプの各工程を示す．この間欠定量ポンプの動作順序として，**最も適当なもの**は次のうちどれか．

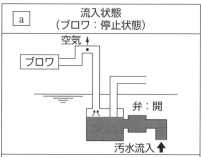

| a | 流入状態
（ブロワ：停止状態） |

ブロワが停止するとタンク内は大気開放となり，外部水圧により逆止弁が開き，汚水が流入する．

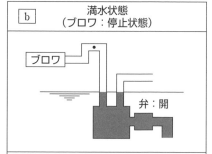

| b | 満水状態
（ブロワ：停止状態） |

外部水位と同じ高さまでタンク内に汚水が流入する．

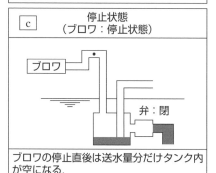

| c | 停止状態
（ブロワ：停止状態） |

ブロワの停止直後は送水量分だけタンク内が空になる．

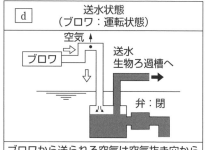

| d | 送水状態
（ブロワ：運転状態） |

ブロワから送られる空気は空気抜き穴から少量流出するが，ほとんどはタンク内に送られ，その空気圧で汚水を送水する．

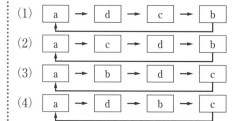

(1)　a → d → c → b

(2)　a → c → d → b

(3)　a → b → d → c

(4)　a → d → b → c

解説　流入→満水→送水→停止の順の工程であり，原水槽など他のポンプ槽でもこの順序は同じである．

解答▶(3)

問題15 膜分離活性汚泥方式

膜分離活性汚泥方式における膜分離槽の構造および機能上必要な事項として，**最も不適当なもの**はどれか．
(1) 透過流束
(2) 有効膜面積
(3) 接触材充填率
(4) ばっ気撹拌方法

解説 透過流束（フラックス）は膜の表面積当たりのろ過水量のこと．接触材充填率は関係ない．

解答▶ (3)

問題16 流入（原水）ポンプ

流入（原水）ポンプに関する文中の 内に当てはまる語句の組合せとして，**最も適当なもの**は次のうちどれか．

流入（原水）ポンプ槽は，ＡスクリーンＡ ，ポンプ，ＢＢ などで構成される単位装置である．流入管延長が長いなどの理由により，流入管底がＣＣ よりもかなり深くなる場合に設けられる．

	A	B	C
(1)	荒　目	計量調整移送装置	地表面
(2)	荒　目	流量調整槽	放流先水位
(3)	細　目	計量調整移送装置	地表面
(4)	細　目	流量調整槽	放流先水位

解説 汚水の移送先が流量調整槽の場合は，計量調整移送装置などの流量調整機能は設けなくてよい．

解答▶ (1)

マスターPoint

● 原水ポンプ槽 ●
流入管延長が長いなどの理由により，流入管底が地表面よりかなり深くなってしまう場合，流入管底を基準に浄化槽を施工するとマンホールなどの開口部の嵩上げ高さが 30 cm 以上となり，保守点検や清掃に支障をきたしたり建設費が高騰する原因となる．このため原水ポンプ槽を設け汚水をポンプアップし所定の位置まで揚水する．

問題⑰　単位装置の名称

図に示す単位装置Aの名称として，**最も適当なもの**は次のうちどれか．

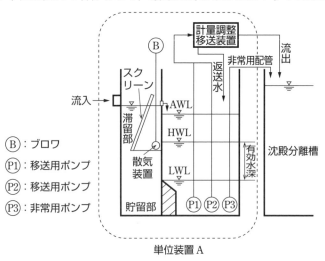

単位装置A

(1)　原水ポンプ槽

(2)　汚泥濃縮貯留槽

(3)　ばっ気沈砂槽

(4)　夾雑物除去槽

解説　原水ポンプ槽は荒目スクリーン，ポンプ，分水計量装置（計量調整移送装置）で構成される単位装置である．

解答▶(1)

問題⑱ 計量調整移送装置

流量調整槽と併せて使われる計量調整移送装置（分水計量装置）の構成部品・設備として，**最も不適当なもの**は次のうちどれか．

(1) 低整流壁
(2) 三角せき
(3) レベルスイッチ
(4) 四角せき

解説 計量調整移送装置は流入部，整流部，移送部，返送部で構成され，三角せきや四角せきを上下させて汚水を返送し，生物処理槽へ一定量移送する． **解答▶ (3)**

問題⑲ スクリーン設備

スクリーン設備に用いられる単位装置とその機能に関する記述の組合せとして，**最も不適当なもの**は次のうちどれか．

(1) 沈砂槽　　　　　　　水路形式で流速を下げて土砂を沈殿させる．
(2) ばっ気沈砂槽　　　　土砂とともに腐敗性有機物質も沈殿させる．
(3) 破砕装置　　　　　　ドラム型などの細断機で夾雑物を破砕・細断する．
(4) ばっ気型スクリーン　スクリーンに付着した汚物を散気装置で取り除く．

解説 ばっ気沈砂槽はばっ気することで，比重の軽い腐敗性の有機物質は沈殿させずに，土砂だけを沈殿させることが目的である． **解答▶ (2)**

●ばっ気沈砂槽●
ばっ気沈砂槽における構成装置は，散気装置，排砂ポンプ，排砂装置，消泡装置（消泡ノズル式）などからなる．時間最大汚水量の 3 分間程度の容量で，有効水深は 1.5〜3 m 程度のものが多い．

問題⑳　単位装置の名称

スクリーン設備と流量調整槽を組み合わせた次のフローシートのうち，**最も適当なものはどれか.**

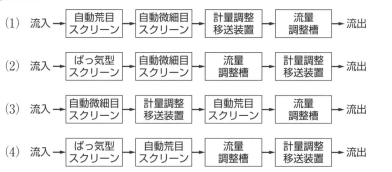

(1) 流入 → 自動荒目スクリーン → 自動微細目スクリーン → 計量調整移送装置 → 流量調整槽 → 流出

(2) 流入 → ばっ気型スクリーン → 自動微細目スクリーン → 流量調整槽 → 計量調整移送装置 → 流出

(3) 流入 → 自動微細目スクリーン → 計量調整移送装置 → 自動荒目スクリーン → 流量調整槽 → 流出

(4) 流入 → ばっ気型スクリーン → 自動荒目スクリーン → 流量調整槽 → 計量調整移送装置 → 流出

解説 自動微細目スクリーンの前段にばっ気型スクリーンか荒目スクリーンを設置し，流量調整した汚水を計量調整移送装置で計量し生物処理槽へ定量移送する.　　　　　**解答▶(2)**

問題㉑　流量調整槽

流量調整槽に関する次の記述のうち，**最も不適当なものはどれか.**
(1) 低水位から高水位までの高さを有効水深とする.
(2) 故障などに備えて，2 台以上の移送ポンプを設置する.
(3) 槽内撹拌のために，散気装置を設置する.
(4) 移送ポンプの能力は，時間最大汚水量に見合うものとする.

解説 移送ポンプの能力は時間最大汚水量ではなく時間平均汚水量に見合うものとする.

解答▶(4)

問題22 流量調整槽

下図は，流量調整槽内の水位とポンプの起動・停止位置の事例を模式的に示したものである．図中に示す (1)〜(4) の「水位と水位の間隔」のうち，流量調整槽の有効容量に相当するものとして，**最も適当なもの**は次のうちどれか．

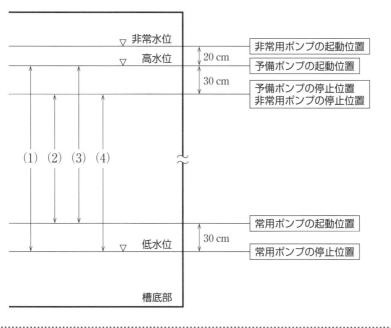

解説 常用ポンプの停止位置である低水位から予備ポンプの起動位置である高水位までが有効水量である．

解答▶(1)

問題23 長時間ばっ気方式

　構造方法を定める告示に示された長時間ばっ気方式に関する記述のうち，**正しいものはどれか**.
(1)　ばっ気槽の前に沈殿分離槽を設置する.
(2)　標準活性汚泥方式に比べて BOD 容積負荷を高く設定する.
(3)　標準活性汚泥方式に比べて MLSS 濃度を低く設定する.
(4)　処理対象人員 101 人以上の浄化槽で適用される.

解説 スクリーン設備，流量調整槽を前段に置いた 101 人以上の浄化槽に適用される. 構造方法を定める告示第 6 を参照.　　　　　　　　　　　　　　**解答▶(4)**

問題24 回分式活性汚泥法

　回分式活性汚泥法の付帯設備として，**最も不適当なものはどれか**.
(1)　ばっ気装置
(2)　上澄水排出装置
(3)　余剰汚泥の引き抜き装置
(4)　汚泥返送装置

解説 回分式は一つの槽で処理を行うので，汚泥返送という工程はない.　　　　**解答▶(4)**

問題25 塩素消毒

　塩素消毒に関する記述のうち，**誤っているものはどれか**.
(1)　処理水の塩素消毒には，塩素化イソシアヌル酸や次亜塩素酸カルシウムなどが使われる.
(2)　塩素消毒は，酸化還元反応を利用したものである.
(3)　処理水中に残存する有機物やアンモニアは，塩素を消費する.
(4)　pH が低いと，塩素消毒の効果は低下する.

解説 次亜塩素酸イオンより殺菌力が強い次亜塩素酸の割合は，pH が低いほうが多く，塩素消毒の効果は高い.　　　　　　　　　　　　　　　　**解答▶(4)**

1 設 計 諸 元

　浄化槽を計画しその設計をするためには，汚水の量と水質，処理対象人員，排水特性などの条件を確認し，設置場所の指定区域，放流先，放流水質についてよく調査したうえで**浄化槽の規模および性能を決定する**．

1. 排水の特性

●時間的変動特性

① 共同住宅（図2・28）

　標準的な生活排水のパターンで，**朝に最大のピーク**があり，午後8時頃を中心にやや低い山が見られる．**旅館・ホテルも同じような傾向であるが継続時間はより短い**．

② 工場（図2・29）

　日中のみ操業する工場は食堂が稼働する**正午にピーク**がありそれ以外の時

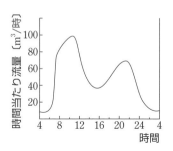

図2・28　共同住宅

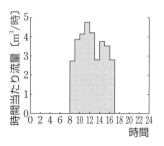

図2・29　工場

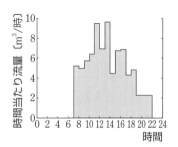

図2・30　事務所

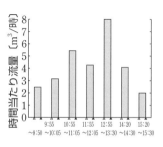

図2・31　高等学校

間帯は平均している．**操業時間外との差もはっきりしている**．

③ 事務所（図2・30）

　　昼休みを中心に11時〜14時にピークが見られ，就業時間外との差がはっきりしている．

④ 高等学校（図2・31）

　　休憩時間に排水が集中している．昼休みの時間帯が最大のピークになっている．

● 水質特性

① BODが低い

　　学校，集会場，事務所，ビジネスホテル、作業所，娯楽場などで，厨房排水を含まないためBOD負荷が低く，**窒素は過剰**で処理が難しい．

② 油脂類が多い

　　食堂，レストラン，料理屋などの飲食店や惣菜店が多いスーパーマーケットなどで，**油脂含有排水は系統を分けて，油脂分を分離してから合流**させ処理することが望ましい．

③ 夾雑物が多い

　　公衆便所，病院，百貨店，一般のスーパーマーケットなどで，不特定多数の人が多く利用するところ．スクリーンで除去したスクリーンかすが多く出るので，**保守点検の回数に注意**が必要である．

④ 特殊な排水

　　大学や研究所の実験排水，病院の人工透析，手術室，放射線などの排水などで，放射線はもちろんのこと，重金属，酸・アルカリなど有害なものを含むので**別処理**が必要である．

2. 浄化槽の規模および性能の決定

　　指定区域および放流先の放流水質を確認したうえで，建築基準法施行令第32条構造基準の対応表と浄化槽の告示1292号（巻末の参考資料集の2参照）により浄化槽の処理方式を決定する．放流水質を確認する際は**上乗せ基準**に注意する．

▶▶▶関連事項　既存単独処理浄化槽の転換促進

　　図2・32のように，公共用水域への一日当たりの排出BOD量から各浄化槽の環境負荷を考えると，合併浄化槽の4gに対して，単独処理浄化槽は32gと**8倍の環境負荷**となっている．高度処理型と比較すると実に16倍である．**生活雑排水が垂れ流し**となっていることが大きな理由である．単独処理浄化槽を合併浄化槽へ交換していくことが望ましいが，工事が困難であったり，公的な補助金を

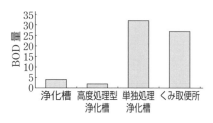

処理形態	処理形態			公共用水域への排出量 BOD
浄 化 槽	し尿	13 g	浄 化 槽 (BOD 除去率 90%)	4 g
	生活雑排水	27 g		
高度処理型浄化槽	し尿	13 g	高度処理浄化槽 (BOD 除去率 95%)	2 g
	生活雑排水	27 g		
単独処理浄化槽	し尿	13 g	単独処理浄化槽 (BOD 除去率 65%)	32 g
	生活雑排水	27 g		
くみ取便所	し尿	13 g	し尿処理施設	27 g
	生活雑排水	27 g		

図 2・32　処理形態別環境負荷

利用したとしてもまだ費用が高額であったりすることなどから進んでいないのが現状であった．そこで環境省では，平成元年度から既存の補助に加え，既存単独処理浄化槽の合併処理浄化槽への転換助成制度に，宅内配管工事費を含め転換が進むよう促している．

　また浄化槽法の一部を改正する法律が，令和元年6月19日公布，令和2年4月1日施行され，都道府県知事は，特定既存単独処理浄化槽に係る浄化槽管理者に対し，除却その他生活環境の保全及び公衆衛生上必要な措置をとるよう助言又は指導することができることと定められた．ここでいう**特定既存単独処理浄化槽**は，既存単独処理浄化槽のうち，**そのまま放置すれば生活環境の保全及び公衆衛生上重大な支障が生ずるおそれのある状態にあると認められるもの**と定義されている．

　さらに，特定既存単独処理浄化槽の把握には，毎年行う定期検査である11条検査の結果が重要なことから，都道府県知事は，11条検査の施行に関し必要が

あると認めるときは，浄化槽管理者に対し，受検確保のために必要な助言及び指導を行うことができるものと定められた．

2 処理対象人員

1. 汚水の原単位

　生活排水は，便所・台所・風呂・洗濯，洗面・その他雑用水等からなり，その原単位は表2・2の通りである．

表2・2　汚水の原単位

生活排水		水量〔L/(人・日)〕	BOD濃度〔mg/L〕	汚濁負荷量〔g/(人・日)〕		
				BOD (生物化学的酸素要求量)	N (窒素)	P (リン)
し尿	便　所	50	260	13	8	0.8
生活雑排水	台　所	30	600	18		
	風　呂	60	120	75	2	0.2
	洗　濯	40				
	洗　面	10				
	その他	10				
合　　計		200	200	40	10	1.0

※ BOD濃度はBOD汚濁負荷量と水量により算出．

2. 処理対象人員とは

　さまざまな建築物から排出される生活系汚水の，水量および水質から算定した汚濁負荷量を，汚水の原単位より1人当たりの人口当量に換算した人員を基本にした数値．

　　　合併処理浄化槽の人口当量
　　　　＝排水量200 L/(人・日) × BOD濃度200 mg/L
　　　　＝ BOD量40 g/(人・日)

3. 建築物の用途別処理対象人員算定基準

　同じ建築物からでも行われる業務の形態により，排出される汚水の量，質は全く違うことがある．これらを詳細に調査し算定単位，算定係数を与え，できる限り現実に沿うように作成されたものが（JIS A　3302-2000）建築物の用途別処理対象人員算定基準である．巻末の参考資料集5を参照．

表2·3 処理対象人員算定（一部抜粋）

類似用途別番号	建築用途			処理対象人員	
				算定式	算定単位
1	集合場施設関係	イ	公会堂・集会場・劇場・映画館・演芸場	$n = 0.08A$	n：人員〔人〕 A：延べ面積〔m²〕
		ロ	競輪場・競馬場・競艇場	$n = 16C$	n：人員〔人〕 C：総便器数〔個〕 （大便器，小便器，両用便器の総数）
		ハ	観覧場・体育館	$n = 0.065A$	n：人員〔人〕 A：延べ面積〔m²〕

上表の使用方法を示す.

　　　建築物の種類：体育館

　　　延べ面積：2 000 m²

この場合の処理対象人員は

　　　処理対象人員 $n = 0.065 \times 2\,000$

　　　　　　　　　　$= 130$ 人

となる.

4. 特殊の建築用途の適用

① 同一建築物が，２以上の異なった建築用途に供される場合は，それぞれの建築用途の項を適用加算して，処理対象人員を算定する．これは，1階部分にスーパーマーケットがあり，2階部分が映画館，3階部分を駐車場としているような場合は，それぞれ人員を算定し合算したものを処理対象人員とするということである.

② ２以上の建築物が共同で浄化槽を設ける場合は，それぞれの建築用途の項を適用加算して，処理対象人員を算定する．これは，隣接する建物が共同で浄化槽を設ける場合は，当然それぞれの人員を算定し合算したものを処理対象人員とするということである.

③ 学校その他で特定の収容された人だけが移動することによって，２以上の異なった建築用途に使用する場合には①および②の適用加算，または，建築物ごとの建築用途別処理対象人員を軽減することができる．これは，例えば大学の敷地内にある学食は一般飲食店として加算し，敷地内にある図書館は加算しなくてもよいが，近隣の敷地外にある図書館の場合は別途処理対象人員を算定するということである.

④ 表に記載されていない建築用途の場合には，類似用途を参考にして算定す

る．ただし，建築物の使用状況によって，類似施設の使用水量その他の資料から表が明らかに実状に添わないと考えられる場合には，当該資料等を基にして処理対象人員を増減することができる．

⑤ 複合用途の共用部分の配分については，原則として**各用途面積比で配分して算定する**．これは，同一建築物内に複数の建築用途を有する場合の，エレベーターホール，ロビーなどの共用部分については，**各用途を使用する人員数に比例する**ものと考え，その面積比によって共用部分の処理対象人員を算定するということである．

⑥ **営業時間が標準より長い場合は，単位時間当たりの水量を加算する**．

5. 算定の注意事項

① **建築物内の駐車場**は，同一建築物が 2 以上の異なった用途に供されるもの（複合用途）として，**それぞれの建築用途の項を適用加算する**．

② **駐車場付き共同住宅，駐車場付き店舗等**が当該建築物を利用する人のみによって使用されることが明確な場合は，この駐車場の**人員算定は 0 人**とすることができる．

③ **専用住宅の車庫部分は延べ面積〔m²〕から除外**することができる．

問題❶　浄化槽の設計

　浄化槽の計画において，種々の建築用途とその一般的な排水特性（排水量の時間的変動パターン）の組合せとして，**最も不適当なもの**は次のうちどれか．

(1)　旅館・ホテル　朝と夜の2回に継続時間の短いピークがある．

(2)　共同住宅　　　朝に1回のみ継続時間の長いピークがある．

(3)　高等学校　　　便所の使用が休憩時間に限られているため，櫛形のピークである．

(4)　工　場　　　　昼間だけ操業する工場で，給食施設を有する場合，昼食時中心のピークである．

解説　共同住宅は最も標準的な排水特性であり，夜も朝よりは小さなピークがある．

解答▶(2)

問題❷　排水量の時間的変動パターン

　1日の排水量の時間的変動パターンを把握することは，浄化槽の流量調整槽の設計などに重要である．下図のように，昼頃にピークがある排水パターンを示す典型的な建築用途として，**最も適当なもの**は次のうちどれか．

(1)　ホテル
(2)　事務所
(3)　高等学校
(4)　戸建て住宅

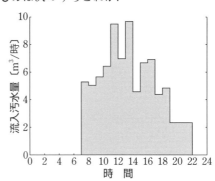

解説　7～22時に排水がありピークが11～14時であることから事務所である．　解答▶(2)

問題3　計画・設計上の基本事項

浄化槽の計画・設計上の基本事項として，**適当でないもの**はどれか.

(1)　処理規模の設定　　　　処理対象人員の確認
(2)　処理性能の設定　　　　指定区域や放流水質規制の確認
(3)　処理方式の選定　　　　排水の特性と処理方式の特徴の把握
(4)　処理水質の評価　　　　水質試験方法の確認

解説　処理水質の評価は，浄化槽稼働後に実施される 7 条検査で行われる.　　　**解答▶(4)**

問題4　設計上留意すべき事項

処理方式の選定に際して，設計上留意すべき事項として，**最も不適当なもの**は次のうちどれか.

(1)　長時間ばっ気方式　　　臭気の発生や汚泥発生量が少ない.
(2)　膜分離活性汚泥方式　　広い敷地面積を要する.
(3)　散水ろ床方式　　　　　動力が節約できる.
(4)　回転板接触方式　　　　気温の影響を受けやすい.

解説　膜分離活性汚泥方式は沈殿槽が不要になるので，敷地面積は小さくて済む.

解答▶(2)

問題 5 　単独処理浄化槽の改善計画

既存の単独処理浄化槽の改善計画として，**適当でないもの**は次のうちどれか．

(1) 計画当初から，既存単独処理浄化槽を撤去して新たに浄化槽（合併処理）を設置する．

(2) 既存単独処理浄化槽の流出水と雑排水を併せて処理する．

(3) 既存単独処理浄化槽を流量調整槽へ改造し，膜分離装置を組み込んだばっ気槽を設置して雑排水を併せて処理する．

(4) 既存単独処理浄化槽の流出水を，付加装置により，BOD 10 mg/L 以下に処理すれば，合併処理化した場合よりも水質改善効果が高い．

解説 既存単独処理浄化槽をいくら高度処理しても，し尿の約2倍の汚濁負荷量である生活雑排水が垂れ流しとなっているのでは，水質改善効果は少ない． 　　　　　**解答▶ (4)**

問題 6 　浄化槽の計画

浄化槽の計画に先立ち注意すべき事項として，**最も不適当なもの**は次のうちどれか．

(1) 病院の場合，臨床検査や放射線関係などの排水も流入するため，処理方式の選択には注意を要する．

(2) 学校や娯楽場などは一般に主要成分が便所汚水であるため，住宅排水に比べて窒素濃度が高い傾向にある．

(3) 中華料理店などの油脂類を多量に含む排水は，二次処理に悪影響を及ぼすため，あらかじめ油脂分離槽などを前置し，油分を除去してから他の排水と合流させる．

(4) リンについては，放流先の条件によってリン除去の計画を行う必要がある．

解説 浄化槽に臨床検査や放射線関係などの排水を流入させてはならない． 　　　　　**解答▶ (1)**

●病院排水●
臨床検査部門，放射線関係，手術室，人工透析設備等の業務に関する排水は，浄化槽法第2条に基づく処理対象排水の範疇以外のものとし，別途処理しなければならない．実験動物舎，動物病院の排水も同様である．

問題7　計画・設計上の留意事項

　高度処理した浄化槽放流水を再利用する場合，計画・設計上の留意事項として，**最も不適当なもの**は次のうちどれか．

(1) 再利用水の誤飲や誤配管を防ぐため，給水系の水栓や配管と容易に区別できる表示をする．

(2) 再利用水を水洗便所用水として利用する場合，衛生上の汚染対策には十分配慮する．

(3) 利用上の不快感や支障がないようにするためには，色や臭気を除去対象とする．

(4) 高度処理化による発生汚泥は安全性が確保されているため，海洋投入が実施可能である．

解説　平成14年（2002年）の廃棄物処理法施行令の一部改正により5年間の適用猶予期間を経て，平成19年（2007年）からし尿や浄化槽汚泥等の海洋投入処分は全面禁止となっている．

解答▶(4)

問題8　BOD の減少量

　雑排水を未処理のまま放流していた単独処理浄化槽（BOD 除去率65％）を廃止し，新たに浄化槽（BOD 除去率90％）を設置した場合，1日当たり放流される BOD 量は設計上**どれだけ減少**するか．ただし，使用人員は10人で，排水の BOD 量は水洗便所汚水が13 g/(人・日)，雑排水27 g/(人・日) とする．

(1) 195.5 g/日　　(2) 235.5 g/日　　(3) 275.5 g/日　　(4) 315.5 g/日

解説

〈廃止前〉

　　　1人当たり 13 g/日 × (1 − 0.65) = 4.55 g/日

これに未処理放流していた雑排水の 27 g/日 を加えると

　　　31.55 g/日 × 10人 = 315.5 g/日

〈合併処理後〉

　　　40 g/日 × (1 − 0.9) = 4 g/日

　　　4 g/日 × 10人 = 40 g/日

　　　315.5 g/日 − 40 g/日 = 275.5 g/日

解答▶(3)

問題 9　処理対象人員

　住宅団地の浄化槽を計画するにあたって汚水の調査を行い，1 日当たりの汚水量が 60 m³/日，BOD 負荷量が 16 kg/日という値を得た．これらをもとに処理対象人員を算定した結果の組合せとして，**最も適当なもの**は次のうちどれか．ただし，1 人 1 日当たりの BOD 負荷量を 40 g/(人・日)，汚水量を 200 L/(人・日) とする．

	汚水量からの算定人員	BOD 負荷量からの算定人員
(1)	150 人	100 人
(2)	200 人	200 人
(3)	250 人	300 人
(4)	300 人	400 人

解説　汚水量からの算定人員

$$200\,\text{L/(人・日)} = 0.2\,\text{m}^3/\text{(人・日)}　\frac{60\,\text{m}^3/日}{0.2\,\text{m}^3/\text{(人・日)}} = 300\,人$$

BOD 負荷量からの算定人員

$$40\,\text{g/(人・日)} = 0.04\,\text{kg/日}　\frac{16\,\text{kg/日}}{0.04\,\text{kg/日}} = 400\,人$$

解答 ▶ (4)

問題 10　処理対象人員

　JIS A 3302 : 2000 に規定する処理対象人員の算定に定められている建築用途と算定単位の組合せとして，**誤っているもの**は次のうちどれか．

	建築用途	算定単位
(1)	ホテル・旅館	延べ面積（m²）
(2)	ゴルフ場	ホール数（ホール）
(3)	百貨店	総便器数（個）
(4)	保育所・幼稚園	定員（人）

解説　百貨店は延べ面積を算定単位として処理対象人員を算定する．　　　**解答 ▶ (3)**

問題⑪　処理対象人員

　JIS A 3302 : 2000 に規定する処理対象人員の算定に関する次の記述のうち，**最も不適当なもの**はどれか．

(1)　2以上の建築物が共同で浄化槽を設ける場合，それぞれの建築用途の処理対象人員を加算する．

(2)　事務所ビル内に飲食店が設けられている場合，その処理対象人員を加算する．

(3)　病院内に看護師や職員などの宿泊施設が設けられている場合，その処理対象人員を加算する．

(4)　大学内に図書館や体育館が設けられている場合，それぞれの建築用途の処理対象人員を加算する．

解説　大学内に図書館や体育館が設置されていても，定められた人員数の学生や教職員がキャンパス内を移動しているだけなので，それぞれの処理対象人員を加算しない．　　**解答▶(4)**

問題⑫　処理対象人員

　浄化槽の処理対象人員の算定において，**延べ面積を基準とする建築用途**はどれか．

(1)　老人ホーム

(2)　小学校

(3)　工場

(4)　共同住宅

解説　老人ホーム，小学校，工場はいずれも人員を基準に算定する．　　**解答▶(4)**

1 保守点検

1. 浄化槽管理者の義務

浄化槽の維持管理は，浄化槽法，施行規則，細則等に基づき**浄化槽管理者**が行わなければならない．浄化槽管理者とは，浄化槽の所有者，占有者その他のもので**浄化槽の管理について権限を有するもの**であり，浄化槽の維持管理上必要とする**保守点検，清掃および法定検査等**を行うことが義務づけられている．浄化槽管理者は，保守点検を**浄化槽管理士**に委託することができる．

2. 浄化槽技術管理者

処理対象人員が**501人を超える**浄化槽は**特定施設**となり，環境省令で定める資格をもつ技術管理者を設置しなければならない．技術管理者は施設ごとの**専従**を原則として，浄化槽管理者より任命され，浄化槽管理者の果たすべき義務を代行する．また，専従する浄化槽について，構造，流入する汚水の性質，量を理解し，運転状況および処理状況を常時把握したうえで，浄化槽の運転に支障が生じないよう，必要な対策を講じることができなければならない．このため，専門的知識および技能に資する講習，**浄化槽技術管理者**講習会等を修了することが望ましい．

3. 使用開始直前の保守点検

所轄官庁の竣工検査に合格し使用開始許可が下りた浄化槽の保守点検を，浄化槽管理者から受託する場合は，保守点検契約を締結したうえで**使用開始直前の保守点検**を行う．主な点検内容は以下の通りである．

① 建築物の用途が，届出や確認申請時の内容と変更されていないかどうか確認し，浄化槽や管きょ設備がその排水特性に対応したものかチェックする．

② 浄化槽本体の上部や周辺をよく観察し，障害物などが保守点検や清掃作業の支障となっていないか確認する．

③ 浄化槽のマンホールを開け，流入管底，流出管底，越流せきの水位や槽の水平，高さが正常か，また内部設備に破損，変形，腐食がないか確認する．

④ ばっ気撹拌状況，汚泥の移送・返送装置の稼働状況，逆洗装置の機能，沈殿槽の沈殿汚泥・浮上物の移送の確認など各単位装置の作動状況を確認する．

⑤ ブロワ稼働時の振動・騒音・空気漏れ・空気量などの確認や臭突・トラッ

プ桝などが適正に設置され臭気が発生するおそれがないか確認する．

⑥ 流出入管きょの点検口を開け，配管の誤接合や誤配置がないか図面と照合し，水が停滞なく流れるか，放流先の水路から逆流がないか確認する．

⑦ 処理機能の安定化のため種汚泥添加の必要性などを検討する．

⑧ 浄化槽の点検結果・使用方法・注意点などを浄化槽管理者へ報告する．

4. 保守点検の回数（通常の使用状態の場合）

● 単独処理浄化槽

表 2・4　単独処理浄化槽の処理方式による点検回数

処理方法		単独処理浄化槽の種類	点検回数
ばっ気型	全ばっ気型	1　処理対象人員が 20 人以下	3 か月に 1 回以上
		2　処理対象人員が 21 人以上 300 人以下	2 か月に 1 回以上
		3　処理対象人員が 301 人以上	1 か月に 1 回以上
	分離接触ばっ気方式 分離ばっ気方式	1　処理対象人員が 20 人以下	4 か月に 1 回以上
		2　処理対象人員が 21 人以上 300 人以下	3 か月に 1 回以上
		3　処理対象人員が 301 人以上	2 か月に 1 回以上
腐敗型			6 か月に 1 回以上

● 合併処理浄化槽

表 2・5　合併処理浄化槽の処理方式による点検回数

処理方式	浄化槽の種類		点検回数
分離接触ばっ気方式 嫌気ろ床接触ばっ気方式 脱窒ろ床接触ばっ気方式	1	処理対象人員が 20 人以下	4 か月に 1 回以上
	2	処理対象人員が 21 人以上 50 人以下	3 か月に 1 回以上
活性汚泥方式			1 週に 1 回以上
回転板接触方式 接触ばっ気方式 散水ろ床方式	1	砂ろ過装置，活性炭吸着装置又は凝集剤を有するもの	1 週に 1 回以上
	2	スクリーン及び流量タンク又は流量調整槽を有するもの（1 に掲げるものを除く）	2 週に 1 回以上
	3	1 及び 2 に掲げる浄化槽以外のもの	3 か月に 1 回以上

駆動装置，ポンプ設備の作動状況の点検，消毒剤の補充等は本表の回数にかかわらず必要に応じて行う．また，ここにおける通常の使用状態とは，主に以下のような条件で使用されていることをいう．

・処理対象人員に沿った人数で使用されている．

・単独処理浄化槽は 40～60 L/(人・日) の流入汚水量で使用されている．

・合併浄化槽は計画流入汚水量に沿った流入汚水量で使用されている．

・浄化槽内の処理機能は**正常な状態**を保って使用されている
・浄化槽内の水温を 10〜25℃ に保った状態で使用している.

5. 保守点検の記録等

　浄化槽管理者から委託を受けた維持管理業者等の保守点検受託者は, 保守点検を行うにあたり, その都度**保守点検記録を作成する**. 浄化槽管理者へ対面, 電話, 電磁的方法等で保守点検記録を交付するときは, 点検結果の説明を行うとともに, 異常が認められた事項については, 保守点検および清掃が容易かつ安全に行えるような措置を講じてもらうため, 原因およびその対策等を具体的に説明する必要がある. また, 浄化槽管理者および保守点検受託者は, それぞれ保守点検記録を **3 年間保存**しなければならない.

6. 法定検査

●設置後等の水質検査（7 条検査）

　新設または変更をした浄化槽は, **使用開始後 3 月を経過した日から 5 月の間に行う水質検査**で, 浄化槽の設置にかかわる工事が適正に行われ, 本来の機能を発揮しているかどうか判定される.

●定期検査（11 条検査）

　毎年定期的に行う検査で, 浄化槽の保守点検および清掃が技術上の基準にしたがって行われ, 機能が正常に維持されているかどうか判定される.

●指定検査機関（都道府県知事に指定された検査業務を実施する公益法人）

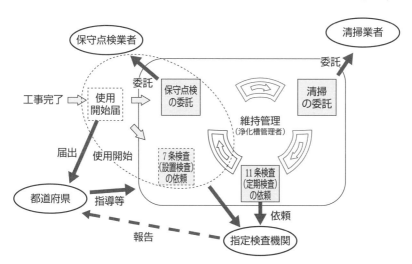

図 2・33　浄化槽管理者から見た維持管理（保守点検, 清掃および法定検査）の流れ

　これらの法定検査は**指定検査機関**が実施し，その結果は所轄官庁へ報告される．

7．保守点検の技術上の基準

　巻末の参考資料集 3 にある，浄化槽法施行規則　第 1 章　浄化槽の保守点検及び清掃等，第 2 条　保守点検の技術上の基準に従い行う．

8．小型浄化槽の処理方式別，保守点検における主な注意点

●分離接触ばっ気方式

　① 沈殿分離槽

　　沈殿汚泥，スカムの堆積状況を測定し，汚泥の引き抜き量，引き抜き方法，清掃の時期について判断する．臭気の発生の確認と発生した場合の対策も事前に講じておく．

　② 接触ばっ気槽

　　溶存酸素量を適正に保持し，死水域が生じないようばっ気強度の調整により水流を適切な流速に維持する．接触材の逆洗の時期を判断し実施することも重要である．

　　逆洗時期の判断の基準は，主に以下のようなものがある．

・接触材の汚泥の大部分が**黒くなり嫌気性**の状態になっている．
・接触材の閉塞により**水位が上昇**している．
・**浮遊汚泥量が多く黒っぽい．**
・槽内各部の DO に大きな差がある．

---

　③ 沈殿槽

　　スロット型の場合は，スカムの有無および厚さ，壁面付着汚泥および槽底部の堆積汚泥の量を確認し，沈殿分離槽第 1 室へ移送する．ホッパー型の場合も同様であるが，エアリフトポンプ型の**スカムスキマ**，汚泥移送装置で沈殿分離槽第 1 室へ移送するので，タイマーによる作動時間の調整に注意する．

　④ 消毒槽

　　スカム，沈殿物の有無について確認し，以下の点に注意する．

・処理水と消毒剤との**接触状況**の確認
・薬剤筒の消毒剤の**残量の確認および補充作業**
・消毒槽からの放流水の残留塩素濃度の測定

●嫌気ろ床接触ばっ気方式

　嫌気ろ床接触ばっ気方式は，分離接触ばっ気方式の沈殿分離槽が嫌気ろ床槽に置き換えられたもので，これ以外の槽については同様であるため，ここでは嫌気ろ床槽の注意点についてのみ挙げる．

　① 嫌気ろ床槽

　　槽内にろ材が充填され，沈殿分離槽に比べ有効容量は小さい．注意点もほぼ沈殿分離槽と同様であるが，ろ材が充填されていることから，**ろ材の閉塞による異常な水位上昇および死水域の形成がないように注意して，汚泥の引き抜き量，引き抜き方法，清掃の時期**について判断する．臭気の発生の確認と発生した場合の対策も講じておく．

●脱窒ろ床接触ばっ気方式

　脱窒ろ床接触ばっ気方式は，接触ばっ気槽の処理水を脱窒ろ床槽へ循環させ生物学的脱窒を行うものであり，嫌気ろ床接触ばっ気方式の嫌気ろ床槽を脱窒ろ床槽へ置き換えた構造となっている．

　① 脱窒ろ床槽

　　嫌気ろ床槽と同様に槽内にろ材が充填されているので，**槽内水位の上昇の確認およびその形跡の有無，スカム，汚泥の堆積の生成状況**などに留意し点検する．また，接触ばっ気槽から循環水が流入し，嫌気ろ床槽に比べ流入時間が増えることになるので，特に夾雑物や汚泥によるろ材の閉塞に注意し，**異常な水位上昇および死水域の形成**が生じないように管理する．

　② 接触ばっ気槽

　　分離接触ばっ気方式，嫌気ろ床接触ばっ気方式の接触ばっ気槽と同様に点検を行う．また，接触ばっ気槽から脱窒ろ床槽へ処理水を循環する際の**循環液量は測定し，循環比が適性に保持**されるよう調整する．

2　清　　掃

1. 浄化槽の清掃回数

　浄化槽管理者は，**毎年1回浄化槽の清掃**をしなければならない．単独処理浄化槽の全ばっ気方式の浄化槽は，おおむね**6か月ごとに1回以上清掃**を行わなければならない．環境省令により定められたこの回数は最低清掃回数であり，浄化槽における汚泥発生，蓄積速度は，建築物の用途や実使用人員の差などの条件により異なり，保守点検時に**判断される清掃の必要性**により清掃を行うことが重要であるので，同一の処理方式や同じ人槽の浄化槽でも**清掃頻度は異なる**．

2. 清掃の技術上の基準

巻末の参考資料集の3にある，浄化槽法施行規則　第1章　浄化槽の保守点検及び清掃等，第3条　清掃の技術上の基準に従い行う．

3. 小型浄化槽の処理方式別，清掃作業手順

●分離接触ばっ気方式

- ・接触ばっ気槽のばっ気を停止後，逆洗し生物膜をはく離する．逆洗を止めはく離汚泥を沈降させる．
- ・消毒槽の汚泥などはすべて引き出し清掃する．
- ・沈殿分離槽のスカム，汚泥を引き出し清掃する（**全量でなくてもよい**）．
- ・沈殿分離槽を，**接触ばっ気槽の上澄水を利用して洗浄し，張り水とする．**
- ・接触ばっ気槽の上澄水を引き出した後，水道水で接触材等を洗浄し，沈殿汚泥を引き出す．このときスロット型の沈殿槽の場合は，底部の汚泥も引き出す．
- ・接触ばっ気槽の汚泥等の引き出し終了後散気管を洗浄し，接触材などの変形，破損の有無を確認する．
- ・水道水等の清水を使用し接触ばっ気槽の所定の水位まで水張りする．
- ・沈殿分離槽も清水で所定の水位まで水張りする．
- ・接触ばっ気槽のばっ気を再開し，水流に偏りなどの異常がないか確認する．
- ・マンホールの蓋を閉め，浄化槽のスラブ周りなどを洗浄清掃する．

●嫌気ろ床接触ばっ気方式

分離接触ばっ気方式に準じて行うが，**嫌気ろ床槽第1室は全量引き出す**．**嫌気ろ床槽第2室以降はスカム，汚泥等の堆積状況に応じて引き出す量を決**め清掃する．

●脱窒ろ床接触ばっ気方式

嫌気ろ床接触ばっ気方式に準じて行う．

問題 1 保守点検

浄化槽の保守点検に関する次の記述のうち, **誤っているもの**はどれか.

(1) 浄化槽の点検や調整に伴う修理は, 浄化槽法で規定された保守点検に含まれる.

(2) 性能評価型浄化槽の場合, 竣工検査に合格していれば使用開始直前の保守点検は省略できる.

(3) 浄化槽の工事は, 計画・施工の段階から保守点検作業が行いやすいよう配慮する必要がある.

(4) 浄化槽の機能維持には水量及び水質の把握が必要で, 特に高度処理型では水量の計量調整が重要である.

解説 構造例示型・性能評価型どちらの浄化槽でも使用開始直前の保守点検は行わなければならない. 解答▶ (2)

問題 2 使用開始直前の保守点検

使用開始直前の保守点検に関する確認事項と具体的点検内容の組合せとして, **最も不適当なもの**は次のうちどれか.

確認事項	具体的点検内容
(1) 浄化槽本体内部の状況	槽の水平や水位が正常に保持されているか
(2) 各単位装置の作動状況	汚泥の移送・返送装置や逆洗装置が設定どおり稼働するか
(3) 付帯設備の状況	ブロワの送気量は計画どおりか, 配管の空気漏れはないか
(4) 処理機能の状況	BOD除去や硝化の進行が十分か

解説 使用開始直前の保守点検時には各槽へ水張りは行われているが, まだ汚水は流入していないので, BOD除去や硝化の進行が十分かについて確認はできない. 解答▶ (4)

問題❸　使用開始直前の保守点検

使用開始直前の保守点検において，浄化槽の設置工事が適正であることを確認する項目として，**最も不適当なもの**は次のうちどれか．
(1)　建築用途の排水特性に対応した構造及び容量
(2)　誤接合や誤配管がないこと
(3)　ポンプ槽が設置されている場合，設定水量や調整方法の確認
(4)　生物反応槽への，種汚泥の添加

解説　使用開始直前の保守点検時に，生物反応槽で生物処理機能の立ち上がり期間（馴致期間）を短縮するため，種汚泥の添加の是非について検討することはある．しかし，これは浄化槽の設置工事が適正であることを確認する項目ではない．　　　　　**解答▶ (4)**

問題❹　保守点検の回数

構造例示型の小型浄化槽の保守点検の回数は，浄化槽法施行規則で下表に掲げる期間に1回以上と規定されている．表中 A の期間として**正しいもの**は次のうちどれか．

処理方式	浄化槽の種類	期　間
分離接触ばっ気方式，嫌気ろ床接触ばっ気方式又は脱窒ろ床接触ばっ気方式	1　処理対象人員が 20 人以下の浄化槽	4 月
	2　処理対象人員が 21 人以上 50 人以下の浄化槽	A

(1)　1 月
(2)　2 月
(3)　3 月
(4)　6 月

解説　p. 116，表2・5合併処理浄化槽の処理方式による点検回数を参照．　　　**解答▶ (3)**

問題 5 **保守点検**

浄化槽の保守点検に関する記述のうち，**適当でないもの**はどれか．

(1) 流量調整槽では，ポンプ作動水位および計量装置の調整を行い，汚水を安定して移送できるようにする．

(2) 活性汚泥法では，汚泥返送率で MLSS 濃度を調整できるので，流入負荷が高いときには，汚泥の返送量を減少させて対応する．

(3) 嫌気ろ床槽では，ろ材の目詰まりによって異常な水位の上昇が起こりやすい．

(4) 接触ばっ気槽では，ばっ気の状態および水の流れが適正であるか点検する．

解説 活性汚泥法において，流入 BOD 負荷が高い場合のばっ気槽での MLSS 調整は，汚泥返送量を増やすことで MLSS 濃度を高くする．ばっ気槽の MLSS 濃度を低くしたい場合は，汚泥引き抜き量を増やすことで対処する．　　　　　　　　　　　　　　　　　　　　**解答▶ (2)**

●MLSS●
長時間ばっ気方式のばっ気槽 MLSS 濃度は，3 000～6 000 mg/L となるように管理する．

問題 6 **保守点検作業**

中・大型浄化槽の共通設備における主な保守点検作業について，**最も不適当な**ものは次のうちどれか．

(1) スクリーン ―――― 水路内の汚泥堆積状況を確認するとともに，し渣を速やかに除去する．

(2) 破砕装置 ―――――― 夾雑物の破砕粒度を確認し，可燃性ガスの発生状況を点検する．

(3) 流量調整槽 ――――― 移送ポンプの作動状況や移送水量を点検し，汚水を安定移送できるようにする．

(4) 消毒槽 ―――――――― 処理水と消毒剤の接触状況や消毒剤の残量を確認する．

解説 破砕装置は夾雑物を破砕し微細化することで，この後のポンプなどのトラブルを防止するためのものであり，可燃性ガスは発生しない．　　　　　　　　　　　　　　**解答▶ (2)**

問題7　保守点検

高度処理浄化槽の単位装置とその保守点検内容に関する次の組合せのうち，**最も不適当なもの**はどれか

	単位装置	保守点検内容
(1)	脱窒ろ床槽	スカムおよび堆積汚泥の生成状況
(2)	ろ過装置	通水量，逆洗の状況
(3)	活性炭吸着装置	メタノールやアルカリ剤の消費の状況
(4)	硝化槽	DO，pH の状況

解説 活性炭吸着装置の保守点検では，通水量が適正に保持され，活性炭の洗浄・交換が適切な頻度で行われるようにする留意する． 　　　　　　　　　**解答 ▶ (3)**

●メタノールとアルカリ剤●
生物学的硝化脱窒法において，硝化工程でアルカリ度が消費され，pH が低下し処理機能に悪影響を与えるので，硝化槽をアルカリ剤で pH の自動調整が行えるようにする必要がある．メタノールは有機炭素源である水素供与体で，BOD/N 比が 3 以下の場合に脱窒槽に添加する．

問題8　保守点検

硝化液循環活性汚泥方式の生物反応槽の保守点検に関する次の記述のうち，**最も不適当なもの**はどれか．
(1) 脱窒槽では，撹拌状況，槽内液の DO，MLSS 濃度を調整する．
(2) 硝化槽では，撹拌状況，槽内液の pH，DO，MLSS 濃度を調整する．
(3) 循環比が 10 以上になるように循環水量を調整する．
(4) 脱窒槽では，水素供与体が不足した場合，メタノール等の供給が必要となる．

解説 構造基準の第 9 第一号・第 10 第一号・第 11 第一号の硝化液循環活性汚泥方式では効率的な窒素除去と循環装置の安定性から循環比を 3～4 に設定している．

循環比を 10 以上のように過大に設定すると，脱窒槽へ硝化液による DO の流入が大きくなり脱窒反応に障害が生じる． 　　　　　　　　　**解答 ▶ (3)**

問題9 ばっ気強度

接触ばっ気槽（有効容量 1.0 m³）の送気量を測定したところ，50 L/分であった．このときのばっ気強度として，**正しい値**は次のうちどれか．

(1)　0.5 m³/(m³・時)
(2)　1.5 m³/(m³・時)
(3)　3.0 m³/(m³・時)
(4)　5.0 m³/(m³・時)

解説 ばっ気強度は

送風量（m³/時）／ばっ気槽容量（m³）

送風量は

50 L/分 × 60 = 3 000 L/時 = 3 m³/時

よって

$$\frac{3\,\text{m}^3/時}{1.0\,\text{m}^3} = 3.0\,\text{m}^3/(\text{m}^3・時)$$

解答▶(3)

問題10 浄化槽の清掃

浄化槽の清掃に関する次の記述のうち，**最も不適当なもの**はどれか．
(1)　同一処理方式の浄化槽では，建築物の用途や人員比が異なっても汚泥蓄積量は同じである．
(2)　浄化槽の機能を保持する上では，清掃作業方法が影響する．
(3)　清掃頻度は汚泥蓄積量と密接な関係があり，過剰な汚泥蓄積に伴い処理水質が悪化する．
(4)　浄化槽法の規定において清掃頻度は，年1回と定められている．

解説 人員比とは処理対象人員に対して実際に建築物等を使用した人数のことである．よって，人員比が異なったり，事務所の予定が飲食店に変更になるなど建築物の用途の変更があれば，実際に浄化槽へ流入してくる汚水の水質，水量とも異なるので，汚泥の発生量や蓄積量は変わってくる．

解答▶(1)

問題11　清掃

脱窒ろ床接触ばっ気方式浄化槽の保守点検および清掃に関する記述のうち，**適当でないもの**はどれか．
(1)　槽内の水位の上昇やその形跡が認められた場合，必要な措置を講じる．
(2)　接触ばっ気槽からの循環水量が適正に保持されるように調整する．
(3)　脱窒ろ床槽流出水の性状や汚泥・スカムの生成状況を点検し，清掃時期を判断する．
(4)　脱窒ろ床槽の清掃は，各室とも汚泥・スカム等を適正量引き出す．

解説　脱窒ろ床槽の第１室は全量，第２室以降は適正量引き出す．　　　　**解答▶(4)**

問題12　清掃の技術上の基準

浄化槽法施行規則第３条に定められている浄化槽の「清掃の技術上の基準」に，**規定されていないもの**は次のうちどれか．
(1)　各単位装置における汚泥，スカムの引き出し量
(2)　汚泥等の引き出し後の洗浄方法
(3)　汚泥等の引き出し後に行う張り水の規定
(4)　清掃に使用する器具・機材の種類

解説　清掃に使用する器具・機材の種類については規定されていない．　　**解答▶(4)**

問題13　浄化槽の清掃

浄化槽の清掃に関する次の文章中の _____ 内の語句のうち，**最も不適当な**ものはどれか．
　清掃とは，浄化槽内に生じた汚泥，[(1) スカム]等の引き出し，その引き出し後の汚泥等の[(2) 調整]，ならびにこれらに伴う単位装置及び機器類の[(3) 交換]や掃除等を行う作業をいう．浄化槽の処理機能を十分発揮させるためには，[(4) 保守点検]とともに，必要不可欠な作業である．

解説　汚泥・スカム等の引き出し後，単位装置及び附属機器類の洗浄や掃除等を行う．

解答▶(3)

3章 施工管理法

施工管理法は，施工計画，工程管理，品質管理，安全管理，工事施工，工事検査について問われる．

【出題傾向】

◎よく出るテーマ

1 施工計画については，着工時の業務，工場生産浄化槽の工事手順，浄化槽の施工計画の用語組合せ，処理対象人員7人槽の浄化槽の施工計画などの知識を問う問題が出題されている．

2 工程管理については，ネットワーク工程表の所要日数算定，労務費，直接費，間接費，工事原価，工程表などの問題が出題されている．

3 品質管理については，抜取検査，浄化槽埋設時の調整方法，漏水試験，ヒストグラム，デミングサークルなどの問題が出題されている．

4 安全管理（主に，労働安全衛生法）については，照度の保持，酸素欠乏危険場所での作業，架設通路，工事主任の専任，掘削などの問題が出題されている．

5 工事施工については，山留め工法，FRP製浄化槽の埋戻し工事，電気工事の検査，絶縁抵抗測定（用語の組合せ），電気配管配線，コンクリートの工事および打込み，内部設備の据付け方法，ブロワの構造と設置，配管材料などの問題が出題されている．

6 工事検査については，性能評価型小型浄化槽の試運転時の確認事項，工事の検査項目とチェックポイントの組合せなどが出題されている．

施工計画

　施工計画は，工事の着手から完成までの工事全体を計画・立案するもので，その計画に基づいて施工を進めていき，常に当初計画と実施結果を比較して，相違があれば調整をしながら実施することが重要となる．この計画を大別すると次のものがある．

・**着工業務**（現場で施工を開始する前に必要な総合計画）

　① 契約書，② 設計図書の検討・確認，③ 工事組織の編成，④ 実行予算の作成，⑤ 総合工程書の作成，⑥ 仮設計画，⑦ 資材・労務計画，⑧ 着工に伴う諸届・申請等

・**施工中業務**（施工中に必要な計画）

　① 細部工程表の作成，② 製作図・施工図の作成，③ 機材の発注，搬入計画，④ 工事写真，記録，報告書の作成，⑤ 施工計画書の作成，⑥ 諸官庁への申請・届出等

・**完成時業務**（完成時に必要な計画）

　① 完成検査の実施，② 引渡し業務の実施，③ 取扱説明書の作成，④ 完成図の作成，⑤ 撤収業務の実施（仮設物の撤去）等

1 仕様書

　仕様書は，設計図で表現しにくい技術的要求を文書で表したもので，どの工事にでも使用できる**共通仕様書**と，その工事のみに適用される特定の必要事項を記載した**特記仕様書**がある．

2 施工計画書

　施工計画に基づいて，使用する材料や機器とその性能，施工準備，施工方法などについて，具体的にその工事ではどうするか記入したもので，**総合仮設計画書，工種別施工計画書**の2種類がある．

3 資材計画

　資材は，実行予算書と工程表により，仕様に適合したものを必要な時期に，必要な数量を，低価格で供給するように作成しなければならない．

4 ▶ 産業廃棄物処理計画

建設廃棄物は，安定型産業廃棄物と特別管理産業廃棄物に分類されている．

1. 安定型産業廃棄物

建設廃材（コンクリート破片，アスファルト破片等），廃プラスチック類（廃発泡スチロール等の梱包材，硬質塩ビパイプ等），金属くず（鉄骨，鉄筋），ゴムくず，ガラス・陶磁器，重油等．

2. 特別管理産業廃棄物

引火性廃油（引火点70℃未満，灯油・軽油等）．

重油類は，安定型処分場で処分できない産業廃棄物であるが，**特別管理産業廃棄物ではない**．

5 ▶ 浄化槽の施工計画

浄化槽の躯体には，FRP製（ガラス繊維強化プラスチック製），DCPD製（ジシクロペンタジエン製），鉄筋コンクリート製，プレキャストコンクリート製等がある．

1. ユニット形浄化槽（工場生産浄化槽）工事の手順

30人槽までは，FRP製，DCPD製の箱型で，31人槽以上はFRP製の円筒形で作られていて，手順は次のようになる．

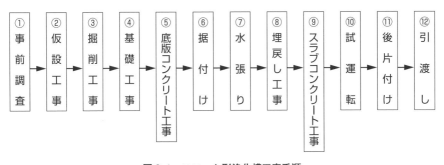

図3·1　ユニット形浄化槽工事手順

2. 設置位置の検討（施工図を使って行う）

① 流入・流出汚水管の勾配が確保できるか検討する．

② 流入管底が深くなる場合，図3·2，図3·3のようにピット付きにするか，嵩上げ工事を行う．

③ 地下水位が高い場合，浮上防止対策を行う．

3章 施工管理法

学科試験

実地試験

129

3. 掘削と基礎工事

① 掘削は，地表面から本体底部までのサイズに，基礎コンクリート 100 mm 以上，捨てコンクリート 50 mm 以上，砂利地業の厚さ 100 mm 以上を加えて決定する.

② 捨てコンクリートは墨出しに使用するため，深く掘りすぎた場合の高さ調整にも利用する.

4. 据　付　け

① 水張りは，水平，漏水を確かめ越流せきからの越流が均等になるように調整する.

② 浄化槽は，満水にして 24 時間以上漏水していないことを確認する.

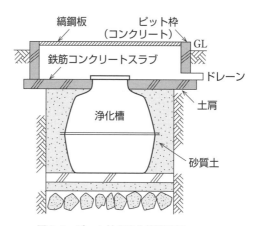

図 3·2　ピット付き浄化槽概略図

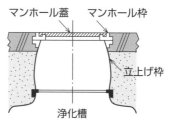

図 3·3　嵩上げ工事概略図

問題① 施工計画

施工計画は，一般に着工時の業務，施工中の業務，完成時の業務に大別されるが，着工時の業務として**最も適当でないもの**はどれか．
(1) 総合工程表の作成
(2) 実行予算書の作成
(3) 資材・労務計画の作成
(4) 施工図・製作図の作成

 解説 着工時の業務（現場で施工を開始する前に必要な総合計画）には，契約書・設計図書の検討・工事組織の編成・実行予算の作成等がある． **解答▶(4)**

マスター Point
施工図・製作図の作成は，施工中の業務となる．

問題② 施工計画

処理対象人員7人槽の浄化槽を埋設設置する場合の施工計画に関する記述のうち，**適当でないもの**はどれか．
(1) 水替は，釜場排水工法とする．
(2) 掘削は，槽本体より周囲に0.5 mの作業のゆとり幅をとる．
(3) 鋼矢板の根入れ深さは，鋼矢板の長さの1/5程度とする．
(4) 浄化槽工事の現場には，業者氏名または名称，代表者の氏名，登録番号および登録年月日，浄化槽設備士の氏名を記載した標識を掲げなければならない．

 解説 鋼矢板は，軟弱な地盤を掘削する際に，土砂崩れや水の浸入を防ぐため，あらかじめ浄化槽の周囲に連続的に打ち込む鋼鉄板状の杭のことで，根入れ深さは，鋼矢板の長さの1/3以上とする． **解答▶(3)**

マスター Point
掘削時に発生する湧水処理を水替（みずかえ）といい，水替は排水工法と止水工法に分類される．釜場排水工法は排水工法に，鋼矢板工法は止水工法にそれぞれ分類されている．

問題 3 施工計画

　浄化槽の施工計画に関する文中 _____ 内に当てはまる用語の組合せとして，**適当なもの**は次のうちどれか.

　埋設する深さが深くなった場合，嵩上げ枠の長さが，　A　未満であれば，嵩上げ工事とし，より深い場合で槽上部を普通乗用車の駐車場として使用する場合は，　B　とする.

	A	B
(1)	30 cm	ピット工事
(2)	30 cm	コンクリートボックス工事
(3)	45 cm	ピット工事
(4)	45 cm	コンクリートボックス工事

解説 流入管底が深くなる場所では，コンクリートピットを設けるか，嵩上げ工事（槽本体の開口部分を立ち上げる工事）を行う. 嵩上げ高さは設置後の保守点検，清掃作業を考慮して最大 30 cm とする.　　　　　　　　　　　　　　　　　　　　　　　　解答▶(2)

マスターPoint 建物際に埋設する場合は，側圧がかかることがあるので防護壁等についても検討する.

問題 4 施工計画

　施工計画の作成に関する図書とその作成者の組合せとして，**最も不適当なもの**はどれか.

	図　書	作成者
(1)	実行予算書	発注者
(2)	施工図	請負者
(3)	機器の製作図	機器製造業者
(4)	仮設計画書	請負者

解説 実行予算書は，**請負者が作成する**. 工事施工前に現地調査，設計図書の検討などを行い，資材の数量，取引価格，外注費，現場経費等を積算したもので，現場の管理および機材，下請への発注は，この実行予算で行われる.　　　　　　　　　　　　　　解答▶(1)

実行予算書作成の目的は，利益を確保するための見通しを立て，施工中の工事費を管理する基本となる．

問題 5 施工計画

FRP 製浄化槽の施工に関する次の記述のうち，**最も不適当なもの**はどちらか．
(1) 槽本体の搬入は，クレーンを道路に置いて行うので，所轄の警察署長に道路使用許可を申請した．
(2) 土質が細かいシルト質なので，水替は釜場工法とした．
(3) 山留めには軽量鋼矢板を使用した．
(4) 流入管底が深いので，原水ポンプ槽を設けて槽本体を浅く設置できるようにした．

解説 釜場工法は，ドラム缶などに小穴をあけ土中に埋め，集まった湧水を水中排水ポンプで排水する工法である．土質がシルト質では，粘土より粗く，砂より細かい粒子なので，釜場に水が集まりにくい． **解答▶(2)**

問題 6 施工計画

浄化槽の設置工事において，総合的な施工計画を立てるための事前調査項目として，**最も不適当なもの**は次のうちどれか．
(1) 地上及び地下にある工事障害物
(2) 敷地の高低，地下水位等の地形・地質
(3) 写真撮影等の工事記録方法
(4) 敷地周辺の道路事情

解説 浄化槽の設置工事の事前調査項目は，次の通り．
①地上及び地下にある工事障害物（配管路の状況，放流先・支障物，埋設管など）
②敷地の高低，地下水位等の地形・地質の確認（地盤，地下水位，湧水など）
③敷地周辺の道路事情（搬入路，搬出路など）
④その他（設置場所の広さ，工事用電力，工事用水の確保，残土，既設浄化槽の処理方法，浄化槽の施工時や設置後の環境に及ぼす影響，その他関係官公庁への届出状況などである．
したがって，写真撮影等の工事記録方法は含まれない． **解答▶(3)**

問題 7　施工計画

施工計画に関する次の記述のうち，**最も不適当なもの**はどれか．

(1)　現場及び周辺状況の事前調査は，計画図書及び発注者側との事前協議事項等の確認をするために必要である．

(2)　仮設計画は，設計図書等で指示がある場合を除き，受注者がその責任において計画する．

(3)　道路使用許可は，公道上での浄化槽のクレーン作業による現場搬入時期を逸することなく計画し，道路管理者へ申請する．

(4)　作業主任者を選任すべき作業がある場合は，当該作業の区分に応じた作業主任者の資格を確認しておき，選任に支障のないようにしておく．

解説　(3) 道路使用許可は，「道路管理者」への申請ではなく，「所轄警察署長」へ申請する．道路占有許可は「道路管理者」へ申請する．　　　　　　　　　　　　　**解答▶(3)**

問題 8　施工計画

施工計画の立案において，設計図書間の記載に相違がある場合，次の書類のうち一般に**最も優先されるもの**はどれか．

(1)　現場説明書

(2)　共通仕様書

(3)　特記仕様書

(4)　図　面

解説　一般的な優先順位は，①質疑回答書，②現場説明書，③特記仕様書，④図面，⑤共通仕様書（標準仕様書）となる．　　　　　　　　　　　　　　　　　**解答▶(1)**

工程管理

工程管理は，時間面から工事管理をするもので，所定の工期内に所定の品質のものを最も経済的に，安全に完成させるために必要である．

1 ▶工程表の種類と特徴

表 3・1　各種工程表の比較

表 示 方 法			特　　徴
横線式工程表	ガントチャート	作業名 [%] 10 20 30 40 50 60 70 80 90 100 A B C D 達成度〔%〕	縦軸に作業名，横軸にその達成度をとり，作業の進行状況を棒グラフで示したもので，作業の遅れが他の作業に及ぼす影響を把握しにくい．
	バーチャート	作業名 〔日〕 5 6 7 8 9 10 11 12 13 14 15 A B C D 工期〔日〕	縦軸に作業名，横軸にカレンダーと合わせた工期をとり，各作業の実行予定を棒線で示したもので，各作業の所要日数がわかりやすい．
曲線式工程表	出来高累計曲線	累計出来高〔%〕 S字形 ←初期→←中期→←終期→ 時間的経過率〔%〕	工程表に記入される出来高進度曲線は，縦軸に工事出来高〔%〕を，横軸に工期の時間的経過率〔%〕をとり，工事の出来高累計の各点を線で結ぶもので，一般にS字カーブとなる．
ネットワーク式工程表	ネットワーク	③ ─C 2日─ ⑤ ⋮ 3日 D ① ─A 5日─ ② ─B 10日─ ④	丸と矢印の組合せによって，各作業が全体の中でどのような相互関係にあるかを示すもので，工事途中での計画変更に対処しやすい．

2 ネットワーク式工程表

1. ネットワーク記号

●アクティビティ

　矢線（——→）で示し，作業の時間的経過を表し，矢線の長さは自由で，日数に比例しない．矢線の尾が作業開始，頭が作業の完了を示す．

●イベント

　結合点とも呼び，○で表す．番号は連続しなくてもよく，小さい数字から大きな数字として右方向に進め，同じ番号を二つ以上表示してはならない．

●ダミー

　点線の矢線（---→）で示し，架空作業を意味し，作業名と日数は無記入で仕事の流れだけを表す．また日数は０（ゼロ日）として計算には含めない．

●ネットワーク工程表の表示方法

　先行作業が終了しなければ，後続作業は開始できない．

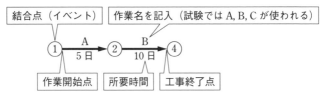

図3·4　ネットワーク記号

2. ネットワークの計算方法

① 最早開始時刻

　ネットワーク工程表内のそれぞれの作業を，最も早く次の作業が開始できる時刻（日）を，最早開始時刻（ES）と呼ぶ．図3·5に示すようにイベント番号の右肩に（　）で記し，日数を入れる．

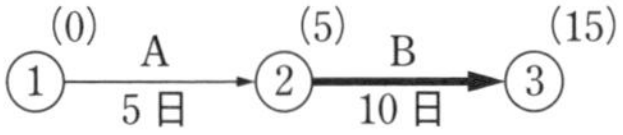

$$
\underset{①}{\overset{(0)}{}} \xrightarrow[5日]{A} \underset{②}{\overset{(5)}{}} \xrightarrow[10日]{B} \underset{③}{\overset{(15)}{}}
$$

図3·5　最早開始時刻

a）スタートは（0）から始め，作業Aは0日目から始め5日目に終了．

b）作業Bは，Aの後続作業となるので，Bは5日目から開始となる．

c）イベント③の（15）は，この経路の工期となり，（5）に10日を加えたものとなる．よって工期は15日である．

② 二つ以上の先行作業がある場合の計算（図3·6参照）

a) 先行作業の最早開始時刻のうち，比較して大きいほうを採用する．

b) 作業Cの経路は，③の最早開始時刻（5）に2日を加えた7日となる．

c) 作業Dの経路は，④の最早開始時刻（15）に3日を加えた18日となる．

作業経路CとDを比較して大きいほうのD経路の18日となる．

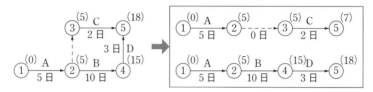

図3·6　すべての経路とその日数

最長の経路は，①→②→④→⑤となり，工期（所要日数）は18日となる．

また，この最長経路を**クリティカルパス**と呼ぶ（図3·7参照）．

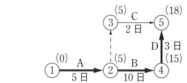

（　）：最早開始時刻，　━━▶：クリティカルパス経路

図3·7　クリティカルパス

③ 所要日数の遅れ計算

図3·6の作業Aが3日遅れ，作業Dが1日短縮となった場合は，次のようになる（図3·8参照）．

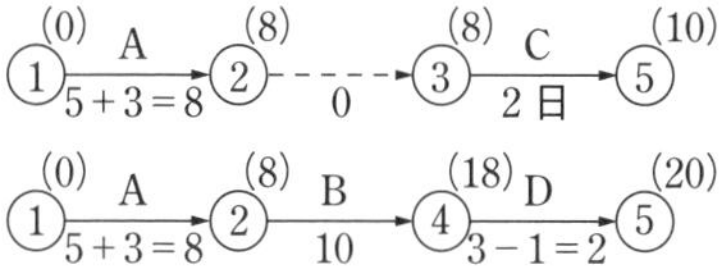

図3·8　作業日数の変更による計算

a) Aの作業日数5日が3日遅れの場合，5 + 3 = 8日となる．

b) Dの作業日数3日が1日短縮の場合，3 - 1 = 2日となる．

所要日数は，①→②→③→⑤の経路で10日，①→②→④→⑤の経路で20日となる．当初の所要日数は18日なので，20日 - 18日で2日所要日数が長くなったことになる（図3·9参照）．

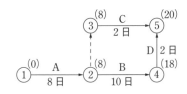

図 3·9　所要日数の結果

④　最遅完了時刻

最遅完了時刻（LF）は，各作業が遅くても終了していなければならない時刻のことで，最早開始時刻の計算が終了してから算定する．イベント番号の右肩に□で記入し，日数を入れる．

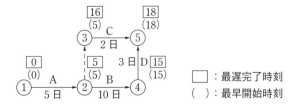

計算は，イベント⑤から逆向きに引き算をしていく．

a)　イベント⑤の最早開始時刻 18 日が最遅開始時刻の 18 日になる．

b)　イベント④は 18 日 − 3 日 = 15 日，イベント③は 18 日 − 2 日 = 16 日，イベント①は 5 日 − 5 日 = 0 がそれぞれの最遅完了時刻となる．

c)　イベント②は，③◀- - -②，④◀——②の 2 本の矢線が分岐している．この内の小さいほうが最遅完了時刻となる．

　　＊③◀- - -②は 16 日 − 0 日 = 16 日

　　＊④◀——②は 15 日 − 10 日 = 5 日

したがって，イベント②の最遅完了時刻は 5 日となる．

3.　クリティカルパスの特色

・すべての経路の中で，日数が最も長い経路のことで，これが工期となる．

・日程短縮は，クリティカルパス経路上の作業で行う．

4.　日程短縮（スケジューリング）

工期の計画全体を所定の目標に合うように調整することをスケジューリングという．

問題**1** 工程管理

バーチャート工程表に関する次の記述のうち，**最も不適当なもの**はどれか．
(1) 各作業の着手日と終了日がわかりやすい．
(2) 作業間の順序関係がわかりにくい．
(3) 進度曲線を作成することにより，工事出来高の管理が行いやすい．
(4) 各作業の工期に対する影響の度合いが把握しにくい．

解説 (2) バーチャート工程表は，作業間の順序関係がわかりやすい． 解答▶ (2)

問題**2** 工程管理

工程表に関する次の記述のうち，**最も不適当なもの**はどれか．
(1) バーチャート工程表は，各作業の所要日数がわかりやすい．
(2) ガントチャート工程表は，作業の遅れが他の作業に及ぼす影響を把握しやすい．
(3) ネットワーク工程表は，工事途中での計画変更に対処しやすい．
(4) バーチャート工程表に記入される予定進度曲線は，一般にＳ字カーブとなる．

解説 (2) ガントチャート工程表は，作業の遅れが他の作業に及ぼす影響が不明である．

解答▶ (2)

マスター Point　ガントチャート工程表，バーチャート工程表，ネットワーク工程表のそれぞれの長所と短所を下表に示す．

	長　所	短　所
ガント チャート	・作成が容易である ・各作業の現時点における進行状態がわかりやすい	・各作業の前後関係が不明 ・工事全体の進行度が不明 ・各作業の日程および所要工数が不明
バー チャート	・各作業の所要日数と施工日程がわかりやすい ・各作業の着手日と終了日がわかりやすい ・作業間の関係がわかりやすい	・各作業の工期に対する影響の度合いは把握できない
ネット ワーク	・各作業間の相互関係が明確 ・部分的な変更があった場合，全体に及ぼす影響が数量的に把握できる ・複雑なプロジェクトの総合管理に適している ・重点管理できる	・作成に手間がかかる ・手法を理解するのに手間がかかる ・ネットワークの組み立てが難しい ・修正が比較的難しい

問題3　工程管理

工程表に関する次の記述のうち，**最も不適当なもの**は次のうちどれか．

(1) バーチャート工程表で作成する予定進度曲線は，他業者の作業による手持ちの間は水平線となる．

(2) 実施工程曲線が曲線式工程表（バナナ曲線）の内側にある場合は，工程の遅れを示している．

(3) ネットワーク工程表の全体工程を短縮するには，クリティカルパス上のイベントの短縮を検討する必要がある．

(4) ネットワーク工程表の配員計画における山崩しは，一般にフロートを利用して人員の平滑化をする方法である．

解説 曲線式工程表（バナナ曲線）の構成例を下図に示す．上方許容限界曲線と下方許容限界曲線の内側は許容範囲なので，工程の遅れを示している範囲ではない．　　**解答▶(2)**

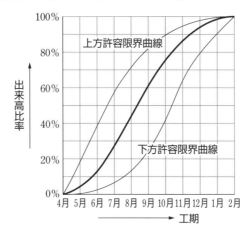

問題 4 工程管理

　図のネットワーク工程表において，作業Cと作業Fの所要日数がそれぞれ2日遅れ，作業Gの所要日数が1日短くなったとき，全体の所要工期に関する記述のうち，**正しいもの**はどれか.

(1)　所要工期は1日長くなる

(2)　所要工期は2日長くなる

(3)　所要工期は3日長くなる

(4)　所要工期は4日長くなる

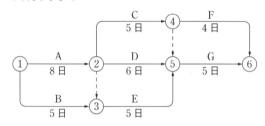

解説 ネットワーク工程表に，最早開始時刻を算定すると次のようになる.

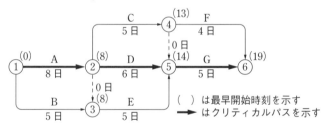

（ ） は最早開始時刻を示す
➡ はクリティカルパスを示す

クリティカルパスは，①→②→⑤→⑥で所要日数は19日となる.

ネットワーク工程表に，設問の日数を加えると次のようになる.

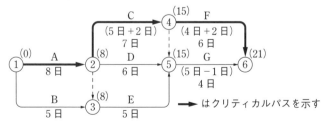

➡ はクリティカルパスを示す

クリティカルパスは，①→②→④→⑥で所要日数は21日となる.

21日－19日＝2日となり，所要工期は2日長くなる.　　　　　　**解答 ▶ (2)**

問題5　工程管理

図のネットワーク工程表に関する記述のうち**最も不適当なもの**はどれか.

(1) 作業Bを2日短縮すると，クリティカルパスの所要日数は1日の短縮となる.

(2) 作業Cが2日延長になると，クリティカルパスの所要日数は1日の延長となる.

(3) 作業Fが2日延長になると，クリティカルパスの所要日数は2日の延長となる.

(4) クリティカルパスの所要日数は12日である.

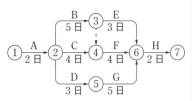

解説 ネットワーク工程表に，最早開始時刻を算定すると次のようになる.

(1)の場合，作業Bを2日短縮するので，作業Bは3日となる. クリティカルパスは①→②→⑤→⑥→⑦となり，日数は

2日＋3日＋5日＋2日＝12日

13日－12日＝1日短縮となる. 右図(1)参照.

(2)の場合，作業Cを2日延長するので，作業Cは6日となる. クリティカルパスは①→②→④→⑥→⑦となり，日数は

2日＋6日＋4日＋2日＝14日

14日－13日＝1日延長となる. 右図(2)参照.

(3)の場合，作業Fを2日延長するので，作業Fは6日となる. クリティカルパスは①→②→③→④→⑥→⑦となり，日数は

2日＋5日＋0日＋6日＋2日＝15日

15日－13日＝2日延長となる. 右図(3)参照.

(4)の場合，クリティカルパスは，①→②→③→④→⑥→⑦となり，日数は

2日＋5日＋0日＋4日＋2日＝13日

となり，所要日数は12日ではない. 右図(4)参照.

(1)
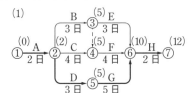

(2)
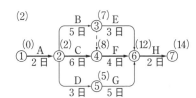

(3)
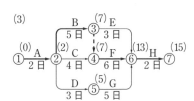

(4)
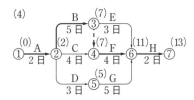

解答▶(4)

　品質管理の目的は，設計図，仕様書，製作図および関連法規などに基づいて機器の据付けなどが実施されているかを検査，確認し，与えられた工事予算以内で工期通り完成させることである．

1 品質管理の効果

① 品質が向上し，不良品が減少する．
② 品質が均一になり，品質が信頼される．
③ 無駄な作業や手直しが少なくなり工事原価が下がる．
④ 新しい問題点や改善，改良の方法が発見され，解決が速やかに行えるようになる．
⑤ 検査の手数を大幅に減少できる．

2 品質管理のサイクル

① **デミングサークル**は，図3・10に示すように，四つの段階を繰り返して進んでいくことをいう．
② **パレート図**は，図3・11に示すように，不良品，欠点，故障，の発生個数を分類し，棒グラフと折れ線グラフで表した図をいう．
③ **ヒストグラム**は，図3・12に示すように，計量したデータを，縦に度数，横に計数量をとり柱状図で表して上限・下限の規格線で表したものである．

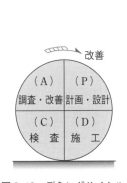

図3・10　デミングサイクル

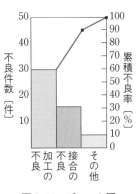

図3・11　パレート図

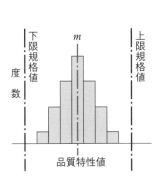

図3・12　ヒストグラム

3 検査事項

検査には，抜取検査と全数検査の2通りがある．

1. 抜取検査

検査の製品（ロット）から無作為に抜き取り，合否を判定するもの．

① 破壊検査の場合（コンクリート強度試験，ガラス強度試験など）．

② 連続体やカサモノ（電線，ワイヤーロープ，砂など）．

③ 管類，板，保温材，塗料，支持金物用鋼材など数量の多い材料の場合．

④ 継手，バルブ，水栓などの既製品の小型機材の場合．

2. 全数検査

検査の製品（ロット）の**すべての検査単位**について行うもの．

① 冷凍機やボイラーなどの大型機器類．

② 特殊機器や新機種などの機器類．

③ 圧力試験（満水試験，通水試験，水圧試験など）．

④ 現場における試運転調整．

4 浄化槽据付けにおける注意点

浄化槽の据付けは，石などを落とさないように本体を吊り降ろし，水平を出し，流入管底や放流管底のレベルを確認しながら行う．注意点は，次の通りである．

① 据付け前に槽内部の設備の確認する（表3・2参照）．

② クレーンなどの機器設置は，地盤強度を十分考慮し確認する．

③ 流入管や放流管の方向および設置位置を確認する．

④ 浮上防止管具や固定金具で槽本体を固定する．

表3・2　槽内部の設備の確認

1	消毒装置（消毒筒）が，所定の位置に設置されているか
2	汚泥移送ポンプが，所定の位置に設置されているか
3	ろ材や接触材に変形，破損，ずれがなく設置されているか
4	空気配管や散気装置に破損，ずれがなく設置されているか

問題 **1** 品質管理

品質管理に関する記述のうち，**適当でないもの**はどれか．
(1) 品質管理を行うことによる効果の一つとして，工事原価を下げることができる．
(2) 品質管理を行うことにより品質が均一化され，完成検査を省略できる．
(3) 抜取検査は，連続体やカサモノ，破壊検査をしなければならない場合等に行う．
(4) 抜取検査とする場合は，品質基準を明確に定めておく必要がある．

 解説 品質管理を行うことにより品質が均一化されるが，完成検査は浄化槽据付け，配管等の一連の工事が完了したときに，設計図書の条件を満たしているかを確認するもので，省略はできない．

解答 ▶ (2)

マスターPoint 抜取検査には，**計数抜取検査**（良か不良かを決める検査とロットの品質を平均欠点数で表す検査方法）と**計量抜取検査**（あらかじめ定められた特性値の条件に合致すれば合格，しなければ不合格で表す検査方法）もある．

問題 **2** 品質管理

浄化槽の設置工事に関する次の記述のうち，**最も不適当なもの**はどれか．
(1) 掘削工事の根切りで深く掘りすぎた場合，基礎栗石地業で高さを調整する．
(2) 浄化槽本体が水平でないときは，底版コンクリートと槽の間にライナーを入れて調整する．
(3) 埋戻しを行う場合，槽内に水を張り，槽本体に変形が生じないようにする．
(4) 建設機械により埋戻しを行う場合，機械は槽底より 45° の 仰 角のなかに入ってはならない．

 解説 深く掘りすぎた場合，砂利地業または捨てコンクリート地業で高さを調整する．

解答 ▶ (1)

マスターPoint 仰 角とは，水平を基準とした上方向の角度のことで，下向きの角度を俯角という．戦艦大和の主砲は，仰角 47° で最大射程といわれている．

問題3　品質管理

品質管理に関する記述のうち，**適当でないもの**はどれか．
(1) ヒストグラムに上限と下限の規格値の線を入れることで不良品の度合いがわかる．
(2) デミングサークルは，P（計画），D（実施），C（検査），A（処置）の順で作業を繰り返すことである．
(3) 品質管理を行うことにより，品質が向上しクレームが減少する．
(4) 抜取検査が成り立つ必要条件は，合格ロットの中に不良品の混入が許されないことである．

解説 抜取検査は，全数検査と対をなすもので，検査ロットからあらかじめ決められた検査方法に従って，サンプルを抜き取って試験を行うものである．主として次のような場合に適用されている．

・検査対象が多種多量のもので，合格ロットの中に不良品の混入が許されるもの

【例】ボルト，ナット，リベット等

・カサモノや連続体のもので，すべての対象を検査するのが困難な場合

【例】砂，セメント，ワイヤーロープ，電線等　　　　　　　　　　**解答▶(4)**

問題4　品質管理

浄化槽の設置工事に関する記述のうち**適当でないもの**はどれか．
(1) 一般に電線などの連続体には，抜取検査を実施する．
(2) ポンプ，送風機などの主要機器には，全数検査を実施する．
(3) FRP製浄化槽は，満水試験後，槽内の水抜きを行わずに埋戻しを実施する．
(4) 掘削工事で根切りが深すぎた場合は，良質の山砂で所定の深さに調整する．

解説 一般的に浄化槽の掘削深さは，地表面より本体底部までの寸法に，基礎コンクリート，捨てコンクリート，砂利地業を加えて決める．掘削工事で根切りが深すぎた場合は，設置後不等沈下するおそれがあるので，砂利地業または捨てコンクリート地業で調整する．　　**解答▶(4)**

マスターPoint 地業には，突固めを行う際の砂，砂利，割栗石，砕石などの材料の種類により砂地業，砂利地業，割栗地業，砕石地業等がある．

問題5 **品質管理**

浄化槽の設置工事に関する記述のうち**適当でないもの**はどれか.
(1) 工場生産浄化槽は,出荷時製品検査を行っていても埋戻し工事前までに本体検査を行う.
(2) 浄化槽本体の設置時に,底版コンクリートの表面が水平でないときは,ライナー等を入れて調整する.
(3) 浄化槽本体の据付け前に,薬剤筒に消毒剤が所定量充填されているかを確認する.
(4) 漏水試験は,槽内に水を張り24時間経過後,水位が低下しないかを確認する.

解説 浄化槽本体の据付け前に,内部機器類の点検項目に次のようなものがある.
① 消毒装置(消毒筒)が,所定の位置に設置されているか
② 浄化槽本体,内部の壁,消毒槽等に変形や破損がないか
③ 空気配管や散気装置が外れてはいないか
したがって,据付け前に「薬剤筒に消毒剤が所定量充填されているか」ではなく,所定の位置に設置されているかを確認する. **解答▶(3)**

問題6 **品質管理**

FRP製浄化槽の据付けに関する次の記述のうち,**適当でないもの**はどれか.
(1) 必要以上に掘削すると地山を傷め,基礎が不安定になり,満水したとき,水平が狂ったり不同沈下を起こすおそれがある.
(2) 割栗を敷き,十分突き固めた後に捨てコンクリートを打ち,底盤面の水平を出す.
(3) コンクリートの硬化を待って槽の水平を維持するため水張りを行う.
(4) 流入管底と放流管底の深さを確かめ,正しく配管すれば本体の水平は,自然に保たれる.

解説 (4)は適当でない.正しく配管することと,本体の水平を保つことは別である.

解答▶(4)

3・4 安全管理

建設業の労働災害では，墜落・転落・槽内での酸素欠乏症・掘削工事・クレーン揚重・溶接・塗装作業等が最も高い率を占めている．これらに関する出題も多い．

1 危険防止

1. 作業床の設置

① 高さ2m以上の箇所（作業床の端，開口部などを除く）で作業を行う場合，墜落により労働者に危険を及ぼすおそれのある箇所には，作業床を設ける．

② 高さ2m以上の作業床の端，開口部などで，墜落により労働者に危険を及ぼすおそれのある箇所には，囲い，手すり，覆いを設ける．

2. 安全帯の取付け設備

① 高さ2m以上の箇所で作業を行う場合，労働者に安全帯を使用させるときは，安全帯などを安全に取り付けるための設備を設ける．

② 作業床や囲いなどを設けることが困難な場合，防網を張り労働者に安全帯を使用させる．

3. 照度の保持

高さ2m以上の箇所で作業を行う場合，作業を安全に行うために必要な照度を保持する．

4. 昇降するための設備

① 高さまたは深さが1.5mを超える箇所で作業を行うときは，安全に昇降する設備を設ける．

5. 移動はしご

① 丈夫な構造とする．

② 材料は著しい損傷，腐食などがないものとする．

③ 幅は，30cm以上とする．

6. 高所からの物体投下による危険の防止

3m以上の高所から物体を投下するときは，適当な投下設備を設け，監視人を置くなど，労働者の危険を防止するための措置を講じる．

7. 脚　　立

① 丈夫な構造とする．

② 脚と水平面都の角度を 75° 以下とし，折りたたみ式のものは脚と水平面部の角度を確実に保つための金具を備える．

③ 材料は著しい損傷，腐食などがないものとする．

8. 作業床の安全

① 原則として，高さ 85 cm 以上の丈夫な構造の手すりなどを設ける．

② 足場（一側足場）における 2 m 以上の作業場所には，吊り足場を除き幅は 40 cm 以上，床材間の隙間は 3 cm 以下の作業床を設ける．

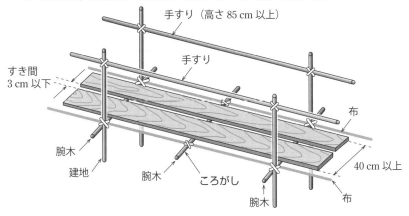

図 3・13　作業床

9. 登り桟橋

① 高さ 8 m 以上の登り桟橋には，7 m 以内ごとに踊り場を設ける．

② 勾配は，30°以下とする．ただし，階段を設けた場合はこの限りではない．

③ 墜落の危険のある箇所には，高さ 85 cm 以上の丈夫な手すりおよび高さ 35 cm 以上 50 cm 以下の中さんを設ける．

④ 勾配が 15°を超えるものには，踏さんその他の滑止めを設ける．

10. 掘削工事の安全

手掘りにより地山の掘削の作業を行うときは，掘削面の勾配を次のようにする（岩盤，硬い粘土からなる地山の場合）．

a）5 m 未満は 90° 以下の勾配　　b）5 m 以上は 75° 以下の勾配

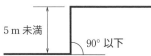

図 3・14　掘削綿の勾配

149

表3·3　掘削面の勾配

地山の種類	掘削面の高さ	掘削面の勾配
岩盤あるいは硬い粘土	5 m 未満	90° 以下
	5 m 以上	75° 以下
その他の地山	2 m 未満	90° 以下
	2 m 以上 5 m 未満	75° 以下
	5 m 以上	60° 以下
砂からなる地山	掘削面の勾配 35° 以下または高さ 5 m 未満	
発破等で崩壊しやすい状態になっている地山	掘削面の勾配 45° 以下または高さ 2 m 未満	

2 作業主任者

作業主任者の選任は，次表の作業区分（抜粋）に応じて行う.

表3·4　作業主任者に必要な資格

名　称	作　業　区　分	資　格
地山の掘削作業主任者	掘削面の高さが 2 m 以上となる地山の掘削の作業	技能講習
土止め支保工作業主任者	土止め支保工の切ばりまたは腹おこしの取付けまたは取外しの作業	
足場の組立等作業主任者	吊り足場（ゴンドラの吊り足場を除く），張出し足場または高さが 5 m 以上の構造の足場の組立て，解体または変更の作業	
ガス溶接作業主任者	アセチレン溶接装置またはガス集合溶接装置を用いて行う金属の溶接，溶断または加熱の作業	免　許

3 酸素欠乏危険作業

1. 酸素欠乏危険作業の措置

酸素濃度が 21 % 以下になっている場合には，例えば 18 % 以上でも，それ以上低下することがないように注意しながら作業を行う.

2. 酸素欠乏危険作業で作業する場合の事業者が行う措置

① 酸素欠乏症（酸素濃度 18 % 未満）および硫化水素中毒にかかるおそれのある場所での作業にあっては，特別教育修了の労働者を就かせ，**酸素欠乏危険作業主任者または酸素欠乏・硫化水素危険作業主任者を選任して行う.**

② その日の作業開始前に作業環境測定を実施し，記録を **3 年間**保存する.

③ 労働者を作業場所に入場および退場させるときは，人員の点検を行う.

④ 作業場所の空気中の酸素濃度を 18 % 以上に保つように換気を行う.

4 ▶ クレーンによる揚重の安全

1. 移動式クレーンの運転業務と玉掛け業務

① 吊り上げ荷重が 1 t 以上の移動式クレーンの運転業務は, 移動式クレーン運転免許が必要である.（なお, 吊り上げ荷重が 1 t 以上 5 t 未満は技能講習修了者でも可能）

② 1 t 未満の運転業務には, 特別教育が必要である.

③ 吊り上げ荷重が 1 t 以上の移動式クレーンの玉掛け作業は, 玉掛け技能講習を修了したものでなければ, 当該作業に就くことはできない.

④ 使用を廃止した移動式クレーンを再び使用とする場合は, **都道府県労働基準局長**の検査を受けなければならない.

⑤ 事業者は, 自主検査の結果を記録し, これを 3 年間保存しなければならない.

⑥ 移動式クレーン検査証の有効期間は 2 年とするが, 製造検査または使用検査の結果により当該期間を 2 年未満とすることができる.

⑦ 事業者は, 移動式クレーンを用いて作業を行うときは, 当該移動式クレーンに, その移動式クレーン検査証を備え付けておかなければならない.

5 ▶ 溶接作業の安全

1. 感 電 防 止

感電の危険度は, 直接的には電流の値, 電撃時間, 電源の種類, 通電経路で決定されるが, 間接的には人体抵抗, 電圧の大きさが関係している.

① 直流と交流では, 直流のほうが安全なので, 交流溶接機より直流溶接機のほうが安全である.

② 電路と大地との電圧の差を対地電圧といい, 対地電圧が低いほど安全である.

③ 人体抵抗は約 500〜1 000 Ωであるが, 皮膚の乾湿状態によって変化する.

2. アーク溶接の安全

アーク溶接は電気溶接の一種で, 両電極間または電極と工作物との間にアーク放電を行わせ, その熱で金属を溶接することである.

① 帰線用の配線はホルダー側と同等の電流が流れるので, 帰線用ケーブルはホルダー側と**同じ太さ**にする.

② 電撃防止装置を設置しても, 帰線側の溶接端子は**接地**する必要がある.

③ 床が油汚れの場合の二次側の配線は, **天然ゴム以外**の外装の溶接用ケーブルを使用する.

問題❶　安全管理

　作業現場における安全管理に関する次の記述のうち，労働安全衛生法に照らして，**誤っているもの**はどれか．

(1)　足場における高さ2 m以上の作業場所には，幅30 cm以上の作業床を設けなければならない．

(2)　高さが2 m以上の作業床には，高さ85 cm以上の丈夫な手すりおよび中さんを設けなければならない．

(3)　高さが2 m以上の作業床の端，開口部などで墜落の危険がある箇所には，囲い，手すり，覆い等を設けなければならない．

(4)　作業を行う場所の空気中の酸素濃度を18%以上に保つように換気を行わなければならない．

解説　足場における作業床（労働安全衛生規則第563条）

足場における高さ2 m以上の作業場所には，次に定める作業床を設ける．

・幅は <u>40 cm以上</u> とし，床材間のすき間は <u>3 cm以下</u> とする．　　　　　**解答▶(1)**

> **マスターPoint**　上記の他に，① 床材により定められた許容曲げ応力を越えて使用しない．
> ② 墜落の危険のある箇所には，高さ <u>85 cm</u> 以上の手すりを設ける．

問題❷　安全管理

　次の ☐ 内に当てはまる数値として，「労働安全衛生法」上，**正しいもの**はどれか．

　事業者は，高さが ☐ m以上の箇所で作業を行うときは，当該作業を安全に行うため必要な照度を保持しなければならない．

(1)　1.5　　　(2)　2　　　(3)　2.5　　　(4)　3

解説　労働安全衛生規則第523条（照度の保持）に，「事業者は高さが <u>2 m以上</u> の箇所で作業を行うときは」とある．　　　　　**解答▶(2)**

問題 3 安全管理

掘削等に関する記述のうち「労働安全衛生法」上，**誤っているもの**はどれか.

(1) 掘削面の高さが 2 m 以上となる地山の掘削を行うときは，地山の掘削作業主任者を選任しなければならない.

(2) 掘削機械等の使用によるガス導管，その他地下に存する工作物の損壊により，労働者に危険を及ぼすおそれのあるときは，これらの機械を使用してはならない.

(3) 地山の掘削作業主任者は，器具および工具を点検し不良品を取り除くことをしなければならない.

(4) 手掘りにより硬い粘土の地山を掘削する場合は，掘削面高さ 5 m 未満では 75° 以下の掘削面勾配で行わなければならない.

解説

地山の種類	掘削面の高さ	掘削面の勾配
岩盤あるいは硬い粘土	5 m 未満	90° 以下
	5 m 以上	75° 以下

掘削面高さ 5 m 未満では，90° 以下の掘削面勾配で行わなければならない. **解答 ▶ (4)**

問題 4 安全管理

「労働安全衛生法」において，作業主任者の選任を必要とする作業として，**規定されていないもの**はどれか.

(1) 掘削面の高さが 2 m となる地山の掘削作業

(2) つり足場，張出し足場を除く高さが 4 m となる足場の組立て，解体作業

(3) 土止め支保工の切ばり，腹おこしの取付け作業

(4) 汚水を入れたことのあるピット内での配管作業

解説
労働安全衛生法施行令第 6 条に，作業主任者を選任すべき作業として，「つり足場，張出し足場又は高さが 5 m 以上の構造の足場の組立て，解体又は変更の作業」とある. **解答 ▶ (2)**

> **マスターPoint** 腹おこしとは，山留めに用いられる仮設部材の一つで，矢板が受ける土圧や水圧を支える横架材のことをいう.

問題 5 安全管理

労働安全衛生法にてらして，当該作業の免許を受けたものでなければ**選任できない作業主任者**は次のうちどれか.

(1) ガス溶接作業主任者

(2) 土止め支保工作業主任者

(3) 足場の組立等作業主任者

(4) 酸素欠乏危険作業主任者

解説 (1) ガス溶接作業主任者は当該作業の「免許」が受けたものを選任する. 土止め支保工作業主任者と足場の組立作業主任者は「技能講習」，酸素欠乏危険作業主任者は「特別教育」を受けたものを選任する. **解答▶(1)**

問題 6 安全管理

次の文章中の ☐☐☐☐☐ 内に当てはまる語句として，労働安全衛生法にてらして**正しいもの**はどれか.

事業者は，作業現場においてつり上げ加重が1t未満の移動式クレーンの運転の業務に労働者を就かせるときは，当該労働者に対し，当該業務に関する安全のための ☐☐☐☐☐ を行わなければならない.

(1) 特別の教育

(2) 技能の講習

(3) 操作の訓練

(4) 運転の研修

解説 事業者は，つり上げ荷重が1t未満の移動式クレーンの運転業務に就かせるときは，特別の教育（特別教育）を行われなければならない（クレーン等安全規則第67条）.

解答▶(1)

工事施工

1 土工事

1. 掘削工事

　掘削（根切り）には手掘りと機械掘りがあるが浄化槽工事では，機械掘りが一般的である．工法としては**素掘（オープンカット）工法**が採用されるが，深くなると，地山が崩壊する危険性があるので，山留めを設ける．

2. 山留め

　山留めは，掘削工事により安定した地盤内部の均衡を崩さず，構造物の施工期間中の安定を保ち，地下水位以下の掘削時の止水を目的とする仮設構造物である．

●山留め工法の種類

① **木矢板工法**：掘削深さ 30 m 以下で地質が粘性土であり，**湧水のほとんどない場所**に用いられる．また，掘削と並行して打ち上げていくので根入れは少ない．

② **軽量鋼矢板（トレンチシート）工法**：5 m 以下程度の比較的浅い掘削で，ヒービング，ボイリングのおそれがなく，**水密性を必要としない場合**に用いられる．

③ **鋼矢板（シートパイル）工法**：軟弱地盤で深い掘削が必要な場合や，地下水位が高く水密性が必要な場合に用い，**良質な地盤まで深く根入れする**ことにより，ヒービング，ボイリングを防ぐことが可能である．

④ **親杭横矢板工法**：掘削に合わせ H 鋼を打ち込み，H 鋼間に木製の横矢板を差し込んでいく工法のため**根入れができない**．このためヒービングのおそれがなく，水密性を必要としない場合に用いられる．

親杭（鋼鉄）　横矢板（木）

図 3・15　親杭横矢板

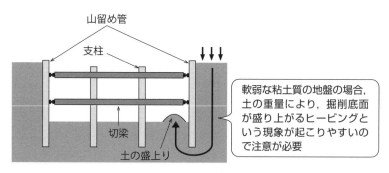

図3·16　ヒービング

▶▶▶**関連事項**

1）**ヒービング**：山留め壁背側の土重量や，その周りの地表面荷重などにより，すべり面に沿って沈下し，山留め板の下部より土が回り込んで掘削底面が盛り上がる現象をいう．

2）**ボイリング**：掘削底面付近の地盤に上向きの浸透流が生じることにより砂が持ち上げられ，沸騰するように掘削底面を破壊する現象をいう．

●土質および掘削深さに応じた山留め工法の標準適用範囲

土　質	山留め工法	掘削深さ〔m〕				
		1.5　　3.0　3.5			5.0	10.0
普通地盤	木矢板工法					
	軽量鋼矢板工法					
	親杭横矢板工法					
軟弱地盤	軽量鋼矢板工法					
	鋼矢板工法					
硬質地盤	親杭横矢板工法					

3.　水替工事

掘削に伴う湧水の処理を水替という．水替は排水工法と止水工法に分類される．

① **釜場工法**：最も簡易的な**重力排水工法**で，釜場と称する水だめに湧水を重力で集め，水中ポンプで排水する．一般的に掘削深度の浅い場所で使用する．

② **ウェルポイント工法**：真空排水工法（強制排水工法）の一つで，地下水が多い場所等で，真空ポンプによって，地下水を急激に吸い上げる．

4.　埋戻し工事

埋戻し工事の注意点は，本体の中に土砂が入らないように点検口蓋等で開口部を覆う．また，槽外部の配管等を損傷しないよう，固定して養生しておくこと．

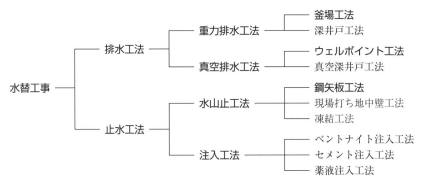

図3·17　水替工事の分類

埋戻しは水張り試験を行い，漏水のないことを確認してから行う．掘削土が良質で石等を含まない場合は使用してもよいが，良質でない場合は山砂を埋め戻す．

5. コンクリート打込み

●コンクリート打込みの注意点

- ・鉄筋の継手の位置は，同一か所に集中しないようにする．
- ・鉄筋に対するコンクリートのかぶり厚さは，コンクリートに接するもの（空気，水，土等）による．
- ・コンクリートは一か所に集中させないで，まわし打ちをする．
- ・スランプが大きいと，一般にコンクリートの打込みが容易になる．
- ・せき板が乾燥している場合は，打込みに先立って散水する．
- ・コンクリート打設後，硬化するまで振動を与えないようにする．
- ・冬季に外気温の著しい低下が予想される場合は，採暖する．
- ・良好な締固めができるように棒形振動機の先端は鉄筋や型枠などに接触させてはならない．
- ・打込みは，コンクリートが分離しないように，自由落下高さをできるだけ小さくする．
- ・良好な締固めができる打込み速度で打ち込む．
- ・コールドジョイントを発生させないよう，連続して打ち込む．
- ・コンクリート振動機（バイブレータ）や突き棒で型枠のすみずみまで充填されるようにする．
- ・コンクリートの表面は金ゴテで水平に仕上げる．

▶▶▶関連事項

FRP 浄化槽の土木工事の流れは以下の通り.

仮設工事 ➡ 掘削工事 ➡ 割栗石地業 ➡ 目潰し砂利地業 ➡

捨てコンクリート工事 ➡ 底版コンクリート工事 ➡ 本体据付け工事

2 浄化槽の施工

1. 浄化槽の設置について

　浄化槽の躯体は,鉄筋コンクリート,プレキャスト(既存壁式:PC)鉄筋コンクリート,ガラス繊維強化ポリエステル樹脂(FRP: fiberglass reinforced plastics)でつくられ,現場施工型やユニット型がある.

●浄化槽の設置

① 浄化槽の外形に対して,**周囲を 30 cm 程度広く掘削**する.

② 状況によって,土留めや水替工事を行う.

③ 掘削後,割栗,砂利で地盤を十分突き固めて捨てコンクリートを打ち,**底盤面を水平**にし,ライナーなどで高さの調整を行う.

④ コンクリートが固まったら,浄化槽本体を所定の位置に下ろし,流入管底の深さを確かめて,**水平に出してから設置**する.

⑤ 正しく設置したら,槽内に水を入れて**漏水のないことを確認**する.

⑥ FRP 製浄化槽は衝撃に弱いので,石などの混入がない**良質な土を使用**し,均等に突き固めていく.

●その他留意点

・掘削が深すぎた場合,捨てコンクリートを厚くして調節する.

・FRP 製浄化槽は中央がふくれた形のものが多いので埋戻しの場合,下部の空隙による沈下や破損を防ぐために,下半分を完全に水締めによって突き固め,その後同様にして上半分の埋戻しを行う.また,埋戻しは,必ず水張り試験(24 時間)後に行い,その際には,水準器により,浄化槽の水平をよく確認しておく.

・浄化槽内の汚水導入管の吐出口下端は,水面から有効水深の $1/3 \sim 1/4$ の深さで開放させる(槽内の浮上物やスカムを撹拌しないため).

・FRP 製浄化槽を地下水位が高く大きな水圧のかかる場所に設置する場合は,ターンバックルなどの浮上防止金具によって槽本体をコンクリート底

盤に固定する．また，比較的小型の浄化槽では，槽全体の下部に根巻きコンクリートを打ち浮上を防止する場合もある．

▶▶▶関連事項

FRP 浄化槽の上部が，駐車場や積雪地などで大きな荷重がかかる場合や，がけ下などで大きな土圧がかかる場合は，鉄筋コンクリートのピットに入れたり，擁壁を設けるなどの対策が必要である．

3 配管設備

1. 配管材料

管材には表3・5に示すものがあり，一般的配管用途を述べることにする．

表3・5　各管における用途

名　称	記　号	配　管　用　途
配管用炭素鋼鋼管（白）	SGP	冷温水，膨張，消火
配管用炭素鋼鋼管（黒）	SGP	蒸気，油
硬質塩化ビニル管	VP	給水，排水（一般）
硬質塩化ビニル管	VU	排水（一般）
一般配管用ステンレス鋼鋼管	SUS-TPD	給水，給湯，冷温水
硬質塩化ビニルライニング鋼管	SGP-VA	給水，冷却水
鋳鉄管	FC	排水（汚水），給水
銅管（L）	CUP	ガス，給水，給湯
銅管（M）	CUP	給湯，給水，冷温水
鉛　管	LP	排水（一般），給水
セメント管		排水（下水）

① 配管用炭素鋼鋼管（SGP）

通称ガス管と呼ばれ，白ガス管と黒ガス管がある．白ガス管は亜鉛めっきを施したもので，最もよく使用されている．製造方法によって鍛接鋼管と電縫鋼管（電気抵抗溶接管）があり，電縫鋼管は溝状腐食が発生しやすい．最高使用圧力は 1.0 MPa，使用温度は 15～350℃ 程度である．

② 圧力配管用炭素鋼鋼管（STPG）

配管用炭素鋼鋼管より高い圧力の流体輸送に使用され，最高使用圧力は 10 MPa，使用温度は 350℃ 以下である．製造方法によって継目なし管と電縫鋼管があり，引張強さにより STPG370 と STPG400 の 2 種類がある．管の厚

さによって**スケジュール番号**で分類される.

③ 硬質塩化ビニル管（VP, VU）

VP は, VU より肉厚が厚く, 多少の圧力にも耐えられるものである. VP の最高使用圧力は 1.0 MPa, VU は 0.6 MPa である.

④ 硬質塩化ビニルライニング鋼管（SGP-VA）

鋼管の内部に塩化ビニル管を挿入したもので, 内面の腐食を防ぐものである. 給水管や開放式冷却塔の冷却水管などはこの管を使用する.

⑤ 銅管（CUP）

耐食性に優れ, 電気伝導度や熱伝導度が比較的大きく, 施工性に富んでいる. 一般に使用されているものは**りん脱酸銅継目なし管**（JIS H 3300 銅, 銅合金継目なし管）である. この管は, 電気銅をりん脱酸処理して**冷間引抜法**などによってつくられた継目なし管である. 肉厚によって K, L, M タイプがあり, K タイプがいちばん肉厚である.

⑥ 鉛管（LP）

柔軟性があり, 施工が容易で, 他の管との接続が簡単である. 耐食性や可とう性にも優れ, 寿命が長い.

⑦ 鋳鉄管（FC）

鋳鉄管は, 水道用と排水用に分類される. 水道用鋳鉄管はダクタイル鋳鉄管といい, 鋳型を回転させながら溶銑を注入し, 遠心力によって鋳造したものである. 排水用鋳鉄管には, 直管1種, 直管2種, 異形管の3種類ある. また, JIS（日本工業規格）で決められた排水用鋳鉄管（JIS G 5525）と SHASE（空気調和衛生工学会規格）で決められた**メカニカル型排水用鋳鉄管**（SHASS-210）がある.

⑧ セメント管

セメント管には, 遠心力鉄筋コンクリート管や水道用石綿セメント管などがあり, 遠心力鉄筋コンクリート管は一般的にヒューム管とも呼ばれている. 主として屋外用埋設配管に使用する.

上記以外の鋼管には, ① 水道用亜鉛めっき鋼管（SGPW）, ② 高圧配管用炭素鋼鋼管（STS）, ③ 高温配管用炭素鋼鋼管（STPT）, ④ 配管用アーク溶接炭素鋼鋼管（STPY）, ⑤ 球状黒鉛鋳鉄品（FCD）, ⑥ 青銅鋳物（BC）などがある.

2. 弁　　類

① 仕切弁（ゲート弁, スルース弁）

弁の材質には青銅製, 鋳鉄製, 鋳鋼製があり, ねじ込み形とフランジ形がある.

　長所は，圧力損失が，他の弁に比べ小さいことや，ハンドルの回転力が玉形弁に比べ軽いことである．短所は，開閉に時間がかかることや，半開状態で使用すると，流体抵抗が大きく振動が起きることである．

② 玉形弁（ストップ弁，球形弁）

　長所は，開閉に時間がかからないことや**流量調節に適している**ことである．短所は，圧力損失が大きいことである．

③ バタフライ弁

　長所は，開閉に力がいらないことや操作が簡単，流量調節がよい，コストが安い，低圧空気にも使用できることが挙げられる．短所は，流体の漏れが多いことである．

④ 逆止弁（チェッキ弁）

　スイング式：水平方向，垂直方向に使用できる．

　リフト式：水平方向のみに使用できる．

　ウォータハンマ防止として**衝撃吸収式逆止弁**（スプリングと案内バネで構成）がある．

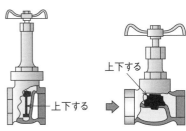
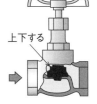

図3・18　仕切弁　　図3・19　玉形弁

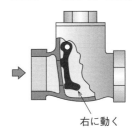

右に動く

図3・20　スイング式逆止弁

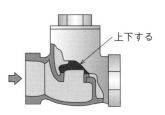

上下する

図3・21　リフト式逆止弁

3. 配管工事

　浄化槽の排水配管には，一般的に硬質塩化ビニル管の **VU 管**が使用される．継手は，**DV 継手**が使用されている．**VP 管**の場合は **TS 継手**が使用される．DV と TS の違いは，両方ともテーパが付いているが，VP（TS）のほうが肉厚が厚い．また，ブロワの空気配管には，**配管用炭素鋼鋼管（白ガス管）**が使用されている．

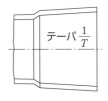

テーパ $\dfrac{1}{T}$

図3・22　TS 継手

表3・6　排水勾配

管径〔mm〕	勾　配
30〜50	1/50
65〜100	1/100
125〜200	1/200

排水管の勾配は，表3·6に示す.

① 排水管の土かぶりは，原則として **20 cm 以上**とする.

② 自動車が通る場所は，**コンクリートスラブ打ち**とする.

4. ま　　す

① ますは，内径または内法が **15 cm 以上**の円形または角形とする.

② 汚水ますの底部には**インバート**を設ける.

③ 雨水ますの底部には，**深さ 15 cm 以上の泥だめ**を設ける.

④ 上流，下流の排水管の落差が大きい場合は，**ドロップます**などを使用する.

⑤ 合流式の雨水排水管を汚水管に接続する箇所のますは，臭気の発散を防止するため，**トラップます**とする.

●その他の留意点

・汚水ますの位置は，公道と民有地との境界付近とする.

・歩道がない構造の道路では，雨水ますは，公道と民有地の境界付近の公道側に設置する.

・浄化槽の前後は，1 m 以内にますを設ける.

・管径の120倍以内の箇所（直管部），および曲り角，合流箇所には，ますを設ける.

・配管は，施工および維持管理の上から，できるだけ建物，池，植木等の下を避ける.

・導入管路部に設けたますおよび浄化槽のマンホールは，雨水が浸入しない構造とする.

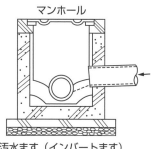

汚水ます（インバートます）

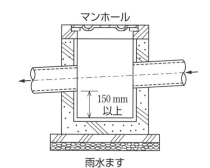

雨水ます

図3·23　浄化槽の種類

・導入管路には，浄化槽を通らずに放流される枝管（バイパス管）は設けてはならない．

4　機 器 類

1. ポンプ

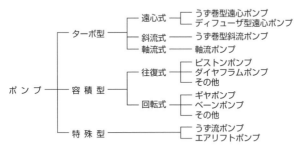

図3・24　ポンプの型式分類

表3・7　ポンプの構造的な分類

大分類	小分類	備考
ターボポンプ	うず巻ポンプ（遠心ポンプ）	ケーシング内で羽根車を回転させ，液体にエネルギーを与える．羽根車の遠心力によりシャフトと直角の方向に液体を吐出するものがうず巻ポンプ．シャフト方向に液体を吐出するものが軸流ポンプ．その中間方向へ液体を吐出するものが斜流ポンプである．
	斜流ポンプ	
	軸流ポンプ	
容積ポンプ	往復ポンプ	容積の変化により液体を押し出し，プランジャ，ピストンなどの往復運動によるものが往復ポンプ．歯車などのローターの回転によって液体を押し出すものが回転ポンプである．
	回転ポンプ	
スクリューポンプ		傾斜したスクリューを回転して揚水する．
エアリフトポンプ		気液混合体と液体の比重差により揚水する．

●汚水，汚物用水中ポンプ

　浄化槽で用いる水中ポンプは，夾雑物によるポンプ詰まりの故障が起こりやすいため，詰まらないように羽根車が工夫された**汚水，汚物用水中ポンプ**を用いる．

　① ノンクロッグ形

　　汚物用に設計されたポンプで，通路面積を確保し，詰まりにくい通路形状としてある．

　② ボルテックス形

　原水や汚泥移送用に設計されたポンプで，繊維質の夾雑物なども詰まりにくくノンクロッグ形よりも高い通過性能をもっている．

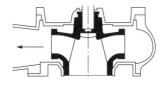
図 3・25　ノンクロッグ形羽根車

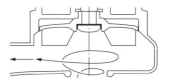
図 3・26　ボルテックス形羽根車

　ほかに，羽根車に絡む繊維状の夾雑物をカッターで切断するカッターポンプなどもある．

2. ブ ロ ワ

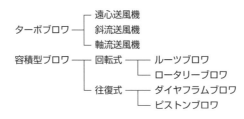

図 3・27　ブロワの型式分類

① ターボブロワ
　羽根車の回転により空気を送るもので，下水処理場などの規模の大きな施設で用いられる．
② ルーツブロワ
　ケーシング内で 8 の字形の 2 個のローターが一定の隙間を保ち，互いに反対に回転し空気を送る．中，大型の浄化槽で用いられる．三葉ローターのものもある．
③ ロータリーブロワ
　ケーシング内径に偏心して装着されたローターが回転し，ローターの溝から羽根が出入りしながら，空気を送る．小型の浄化槽で用いられる．
④ ダイヤフラムブロワ
　シャフトの往復運動でダイヤフラムとケーシングの容積を変化させ，空気を送る．家庭用の浄化槽で用いられる．

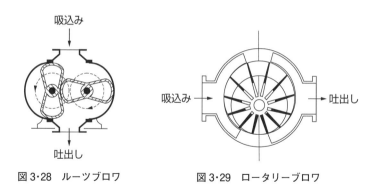

図 3·28 ルーツブロワ 　　　　図 3·29 ロータリーブロワ

3. 流 量 計

① 開水路用：せき式（三角せき，四角せき，全幅せき），パーシャルフリューム

② 満管流管路用：電磁式，超音波式，面積式，差圧式（空気），羽車式（清水）

4. その他の機器類

① pH 計：ガラス比較複合電極により水素イオン濃度を測定する．pH 管理に用いる．

② ORP 計：白金比較複合電極で酸化，還元電位を測定する．生物学的脱窒の指標．

③ DO 計：隔膜電極により溶存酸素を測定する．生物処理の管理に用いる．

④ UV 計：紫外線吸光度を計測し相関性が高い COD を測定する．放流水質管理に用いる．

5 機器設置工事

1. 水中ポンプ

① 設置場所

・ポンプへの空気の巻き込みを防ぐため，汚水の流入口から離すか，バッフル板を取り付ける．

・ポンプの交換が容易なようにマンホール等の開口部の直下に設置する．

② 据付け注意点

・ポンプは起動，停止の反動でずれることがないように据え付ける．自動接続装置（着脱装置）は底面にしっかりと固定する．

・ポンプと配管は自動接続装置（着脱装置）やフランジ，ユニオンなどで接続

し，ポンプは交換時に容易に脱着で
きる構造とする．

・配管の荷重がポンプにかからないよ
うに支持をとる．

・原則的に交互自動運転の2台設置と
する．50人槽以下の場合，1台を手
動運転としてもよい．

・つり上げチェーンやケーブルはたる
みがないように取り付け，ケーブル

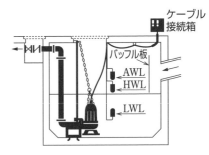

図3・30　水中ポンプ設置例

は漏電防止のため，槽外の冠水しない場所に取り付けた接続箱内で結線す
る．

2. ブ ロ ワ

① 設置場所

・保守点検が容易で風通しのよ
い日陰．

・積雪や冠水のおそれがなく，
雨水のかからない場所．

・浄化槽に近い場所で周囲へ騒
音の影響がない場所．

・空気配管の長さは10 m 以内，
曲がりは5か所以内とする．

図3・31　ブロワ設置例

② 据付け注意点

・ブロワは底面に防振ゴムを取り付け，しっかりと固定する．

・ブロワから空気配管に振動が伝わらないように，ゴム製の接続ホースを使用
する．

・電源は漏電防止のため防水型のスイッチ差込コンセントを使用し，接地工事
を行う．

・31人槽以上の場合は故障に備え，予備のブロワを設置する．

6 ▶電気工事

1. 金属管工事

・電線は，絶縁電線（屋外用ビニル絶縁電線を除く）であること．

・電線は，より線であること．ただし，短小な金属管に収めるもの，または直

径 3.2 mm 以下のものは，この限りでない.
- 金属管内では，電線に接続点を設けないこと.
- 電線を接続する場合は，保守管理の容易なボックスなど（アウトレットボックスなど）の中で接続すること.
- 電線管は，電気用品安全法の適用を受ける金属製の電線管（可とう電線管を除く）を使用すること.

2. 合成樹脂管工事

- 電線は，絶縁電線（屋外用ビニル絶縁電線を除く）であること.
- 電線は，より線であること. ただし，短小な合成樹脂管に収めるものまたは直径 3.2 mm 以下のものは，この限りでない.
- **合成樹指管（合成樹脂製可とう管）内では，電線に接続点を設けないこと.**
- 電線管は，電気用品安全法の適用を受ける合成樹脂製の電線管（可とう電線管を除く）を使用すること.
- JIS C 8411 に規定する合成樹脂製可とう電線管には，耐燃性の PF 管と非耐燃性の CD 管がある. このうち CD 管は，直接コンクリートに埋め込んで施設するための専用の電線管として用いられる.
- CD 管は，直接コンクリートに埋め込んで施設する場合を除き，専用の不燃性，または自消性のある難燃性の管またはダクトに収めて施設すること.

3. 接地工事

接地工事の種類には，A・B・C・D 種があるが，A・B 種は高圧または特別高圧のため，ここでは C・D 種の接地工事の種類について，表 3·8 に示す.

表 3·8　接地工事の種類

種類	工事箇所	接地抵抗	接地線の太さ
C 種	300 V を超える低圧用の電気機械器具の鉄台，金属製外箱または管	10 Ω 以下	1.6 mm 以上
D 種	300 V 以下の電気機器の鉄台，金属製外箱または管，高圧用計器用変成器の二次側	100 Ω 以下	1.6 mm 以上

- 絶縁抵抗は，絶縁抵抗計（メガ）で測定して，対地電圧 150 V 以下の回路では 0.1 MΩ 以上の値でなければならない.

問題1　仮設工事

仮設工事に関する次の記述のうち，**最も不適当なもの**はどれか.

(1) 大型の工場生産浄化槽は，仮設工事を省略することができる.

(2) 敷地の中における浄化槽の位置を決めるため，地縄張りを行う.

(3) 基準点からのレベル，位置，方向，芯を表すため，遣方を行う.

(4) 必要な電源及び工事用水の確保を行う.

解説 工事を行うにあたって「現場は段取りが8割」といわれているほど重要な作業である. まず初めに仮設工事から行う. どんな工事でも仮設工事から始まる. 　　　　　　**解答 ▶ (1)**

マスターPoint ● 仮設工事用語 ●

ベンチマーク：浄化槽などを敷地に設置するために位置や高さなどを示す基準点（指標）をいう.

遣方：工作物の水平及び位置の基準を明示するための仮設物である.

縄張り：工作物の位置と境界線等の関係を確認するために行う.

墨出し：下げ振りやレベルなどを使って，通り芯，型枠等の位置を出すために行う.

問題2　土工事（山留め工法）

山留め工法として用いられる鋼矢板に関する次の記述のうち，**最も不適当なもの**はどれか.

(1) 打込みまたは引抜き作業の際に発生する騒音・振動に留意して施工方法を選択する必要がある.

(2) 鋼矢板は耐久性があり，反復使用できる.

(3) 鋼矢板の継手部が確実にかみ合うことにより水密性が高まる.

(4) 根入れ長さは，鋼矢板長さの1/4以上とすることが望ましい.

解説 根入れ長さ（地面に打ち込む長さ）は，鋼矢板長さの1/3以上とする. 　　**解答 ▶ (4)**

マスターPoint ● 山留め工事の注意事項 ●

・切り梁は，曲げ応力を持たせる構造とする.

・鋼矢板壁は，止水性のある山留め壁である.

・山留め支保工の確認は，7日以内ごとに行う.

・鋼矢板の根入れ深さは，鋼矢板の長さの1/3以上とする.

問題3 土工事（掘削）

　下図は，土質および掘削深さに応じた山留め工法の標準適用範囲を表したものである．A および B に該当する山留め工法の組合せとして，**最も適当なもの**はどれか．

土　質	山留め工法	掘削深さ〔m〕			
		1.5　　　　　3.0	3.5　　　5.0		10.0
普通地盤	木矢板工法	←→			
	軽量鋼矢板工法		←———————→		
	A				←—→
軟弱地盤	軽量鋼矢板工法	←————→			
	B		←———————————————→		
硬質地盤	親杭横矢板工法	←——————————————————————————————→			

←————————→　山留め工法の標準適用範囲を示す

	A	B
(1)	鋼矢板工法	鋼矢板工法
(2)	鋼矢板工法	親杭横矢板工法
(3)	親杭横矢板工法	鋼矢板工法
(4)	親杭横矢板工法	親杭横矢板工法

解説　親杭横矢板工法，鋼矢板工法ともに掘削深さは深く掘れる．また，親杭横矢板工法は，湧水がない（普通地盤）こと．鋼矢板工法は，水密性を必要とする（軟弱地盤）こと．

解答 ▶ (3)

● 親杭横矢板工法（soldier piles and lagging method）●
よく採用されている一般的な工法である．ヒービング（heaving）のおそれがなく，水密性を必要としない場所に採用される．

学科試験

実地試験

問題4　土工事（一般）

土工事に関する次の記述のうち，**最も不適当なもの**はどれか．

(1)　土の透水係数が大きくなるほど，排水性は良好となる．

(2)　地耐力度は，標準貫入試験のN値が小さいほど大きくなる．

(3)　法面の安全性は，土の勾配や粘着力によって決まるが土の含水量によっても変化する．

(4)　掘削機械や山留め工法の選定には，地質調査データを利用する．

 地耐力度は，標準貫入試験のN値が<u>大きい</u>ほど大きくなる．　　　　解答▶(2)

●標準貫入試験●
標準貫入試験とは，鉄棒を地中に何回か貫入させて打撃回数（N）を求め地盤の強度や硬さ等を調べる地盤調査法である．

問題5　土工事（ウェルポイント工法）

土工事に関する次の記述のうち，**最も不適当なもの**はどれか．

(1)　ウェルポイント排水工法は，重力排水法の一種である．

(2)　釜揚排水工法は，湧水を釜揚に集めて，ポンプで排水する方法である．

(3)　ヒービングの防止には，予定掘削深さより矢板の根入れを深くすることが有効である．

(4)　釜場排水工法は，透水性の良い安定した地盤に適している．

 ウェルポイントは，真空ポンプで<u>強制的に地下水を吸い上げる</u>排水工法である．

解答▶(1)

●ウェルポイント工法の特徴●
・地下水位の低下・圧密有効圧の増加・土留め工事の簡素化・軟弱地盤の圧密促進と強化
　・土留め工事の簡素化・短工期・低コスト等

問題 **6** **土工事（コンクリートの打設）**

コンクリートの打設に関する次の記述のうち，**最も不適当なもの**はどれか．
(1) 外気温 20℃ のとき，練混ぜから打込み終了までの時間は 120 分であった．
(2) 4 m² の底版コンクリートの鉄筋組み立てにおいて，バーサポートを箇所使用した．
(3) コンクリートの打込み箇所をなるべく少なくするために，棒状振動機でコンクリートを移動させた．
(4) スラブ面の沈み亀裂を防ぐため，打込み後，表面をタンピングした．

 解 説 棒状振動機は，コンクリートの打込み箇所をなるべく少なくするためではなく，コンクリート内部から余計な気泡を除去し，セメントや骨材などを均等化させることである．

解答 ▶ (3)

マスター Point ●コンクリートの打設用語●
・スペーサー：側面の鉄筋かぶりを保持するもの．
・バーサポート：下側や上側の鉄筋のかぶりを確保するもの
・タンピング：打設（生コンクリートを型枠に流し入れる）した後に，コンクリート表面をタンパーという道具で繰り返し締め固める作業をいう．

問題 **7** **土工事（コンクリートの打設）**

コンクリートの打込みに関する次の記述のうち，**適当でないもの**はどれか．
(1) 良好な締固めができるように棒状振動機の先端を鉄筋や型枠などに接触させる．
(2) 打込みは，コンクリートが分離しないように，自由落下高さをできるだけ小さくする．
(3) 良好な締固めができる打込み速度で打ち込む．
(4) コールドジョイントを発生させないよう，連続して打ち込む．

 解 説 棒状振動機の先端は鉄筋や型枠などに接触させてはならない．　　**解答 ▶ (1)**

 マスター Point ●コールドジョイント●
コールドジョイント（cold joint）とは，先に打ち込まれたコンクリートが固まり，後から打ち込まれたコンクリートとの打継ぎ目をいう．

問題**8**　**鉄筋コンクリート工事**

鉄筋コンクリート工事に関する次の記述のうち，**最も不適当なもの**はどれか．
(1)　配筋の仕様は，浄化槽製造業者の施工要領書，仕様書，構造図及び配筋図等による．
(2)　底版コンクリートのかぶり厚さは，捨てコンクリートの部分を除いて，3 cm 以上とする．
(3)　骨材は，アルカリ骨材反応試験において，品質を確認したものを使用する．
(4)　スランプが大きい場合は，コンクリートの打ち込みが容易になる．

解説　底版コンクリートのかぶり厚さは，捨てコンクリートの部分を除いて，<u>6 cm 以上とす</u>る．
解答▶(2)

問題**9**　**土木工事（浮上防止）**

浮上防止のための工事に関する次の記述のうち，**最も不適当なもの**はどれか．
(1)　浮上防止の計算では，槽本体の重量と槽内水の重量の和を浮力に抵抗する力とする．
(2)　浮上防止金具を底版コンクリートに埋め込む方法としては，鉄筋にフックを設ける方法や金具を鉄筋に緊結する方法がある．
(3)　戸建住宅用浄化槽の浮上防止を浮上防止金具や固定金具の取り付けにより行う場合は，本体フランジと底版コンクリートを連結して固定する方法がある．
(4)　円筒横置き型の浄化槽では，浮上防止バンドで本体を固定する方法がある．

解説　浮上防止の計算では，槽本体の重量と槽内水の重量だけではなく，<u>本体フランジ上部の土の荷重</u>も考慮する．
解答▶(1)

その他，上記設問以外の方法として箱型浄化槽（上槽と下槽の成形品をフランジで結合したもの）の浮上防止には，本体フランジと底版コンクリートを連結して固定する方法もある．

● 浮上防止工事 ●
・地下水位の高い場所は，基礎コンクリートと浄化槽本体を直結して浄化槽の浮上を防止すること．

問題⑩ 浄化槽の設置工事

浄化槽の設置工事に関する記述のうち，**最も不適当なもの**はどれか．
(1) 工場生産浄化槽は，出荷時製品検査を行っていても，埋戻し工事前までに本体検査を行う．
(2) 浄化槽本体の設置時に底版コンクリートの表面が水平でないときは，ライナーなどを入れて調整する．
(3) 浄化槽本体の据付け前に，薬剤筒に消毒剤が所定量充填されているかを確認する．
(4) 漏水試験は，槽内に水を張り24時間経過後，水位が低下しないかを確認する．

解説 薬剤筒に消毒剤が所定量充填されているかを確認するのは，工事最後の試運転調整時に行う．

解答▶(3)

マスターPoint ●隙間調整●
ライナーとは，隙間を調整するもの．

問題⑪ 浄化槽の設置工事

浄化槽の施工に関する次の記述のうち，**適当でないもの**はどれか．
(1) 掘削が深すぎた場合，捨てコンクリートを厚くして調整する．
(2) FRP製浄化槽の埋戻しは，上部まで埋め戻した後水締めにより突き固める．
(3) 浄化槽内の汚水導入管の吐出口下端は，水面から有効水深の$1/3 \sim 1/4$の深さで開放させる．
(4) FRP製浄化槽を地下水位が高く大きな水圧のかかる場所に設置する場合は，十分な浮上防止対策を施す．

解説 下半分を完全に水締めによって突き固め，その後同様にして上半分の埋戻しを行う．

解答▶(2)

マスターPoint ●槽底部の破損●
浄化槽の基礎が割栗石と砂だけの場合，長い時間が経つ間に砂が洗われ割栗が露出して，槽底を破損することがあるので注意を要する．

問題⑫　配管設備（配管材料）

配管の名称と記号の組合せとして，**最も不適当なもの**は次のうちどれか．

名　称	記　号
(1)　配管用炭素鋼鋼管	SGP
(2)　水配管用亜鉛めっき鋼管	SGP-EP
(3)　硬質ポリ塩化ビニル管	VP
(4)　配管用ステンレス鋼鋼管	SUS-TP

解説 水道用亜鉛めっき鋼管とは，平成9年9月までいわれていたが，現在，水配管用亜鉛めっき鋼管「JIS G 3442」SGPW である．EP管とは，ステンレス製可とう電線管や電解研磨管のことをいう．

解答▶（2）

問題⑬　配管設備（配管材料）

配管材料に関する記述のうち，**適当でないもの**はどれか．

(1)　硬質ポリ塩化ビニル管のうち VP 管は，最も肉厚が厚く，汚水および汚泥配管に使用される．

(2)　配管用ステンレス鋼管は，一般配管用ステンレス鋼管より肉厚が薄く，汚水および汚泥配管に使用される．

(3)　排水用ノンタールエポキシ塗装鋼管は，配管用炭素鋼鋼管の黒管の内面にノンタールエポキシ樹脂塗料を塗膜したもので，汚水および雑排水配管に使用される．

(4)　水配管用亜鉛めっき鋼管は，配管用炭素鋼鋼管の白管よりも亜鉛の付着量を多くしたもので，水道用および給水用以外の水配管に使用される．

解説 一般配管用ステンレス鋼管（JIS G 3448）より配管用ステンレス鋼管（JIS G 3459）のほうが肉厚が厚く，耐食性，低温用，高温用などの配管に用いる．一般用は肉厚が薄く，給湯等に用いる．

解答▶（2）

問題⑭ 配管設備（配管接合方法）

硬質ポリ塩化ビニル管の接合方法として，**最も不適当なもの**は次のうちどれか．
(1) ゴム輪接合 　　(2) フランジ接合 　　(3) 圧縮接合 　　(4) 接着接合

解 説 一般的に差込み接着接合法（TS 接合法）とゴム輪接合（RR 接合法）であり，最も不適当なものは，圧縮接合である． 　　　　　　　　　　　　　　　**解答▶ (3)**

マスター Point
● 圧縮接合 ●
ステンレス鋼鋼管は，プレス式継手で圧縮接合する．

問題⑮ 配管設備（弁類）

弁に関する記述のうち，**適当でないもの**はどれか．
(1) バタフライ弁は，円板状の弁体が回転することにより開閉するバルブで，全開時の圧力損失が非常に大きい．
(2) ボール弁は，全開時には流路が配管と同形状になり，流体に抵抗を与える要素がなく圧力損失がきわめて少ない．
(3) 玉形弁は，流体の流れ方向が弁箱内部で大きく変わるので，圧力損失が非常に大きい．
(4) 仕切弁は，流量調整の必要がなく単に流体の閉止を目的とするときに使用される．

解 説 バタフライ弁は，圧力損失が小さい． 　　　　　　　　　　**解答▶ (1)**

マスター Point
● 仕切弁（GV：gate valve）と玉形弁（SV：stop valves）●
実務上では，ポンプ周りなどによく仕切弁を使用してポンプの流量の調節も行っている場合があるが，勘違いしないように注意されたい．流量調節を行う弁は，ストップバルブとも呼ばれる玉形弁を使用する．

3 章 施工管理法 ● 問題&解答

学科試験

実地試験

175

問題16 配管設備（排水管）

敷地内の排水管に関する記述のうち，**最も不適当なもの**はどれか.
(1)　固形物が管底に堆積しないように，管径 75 mm の排水管の最小流速を 0.2 m/秒とした.
(2)　土かぶり 30 cm の排水管の上部を自動車が通るため，スラブ打ちをした.
(3)　管径 100 mm の排水管の勾配は，1/100 とした.
(4)　固形物が流れる雑排水管の最小管径は，50 mm とした.

解説 流速は，0.6〜1.5 m/秒とする. よって，最低流速は，<u>0.6 m/秒</u>である.　**解答▶(1)**

●排水管勾配●
管径 100 mm の場合の勾配は 1/100，管径 50 mm の場合の勾配は 1/50 と覚えておくとよい.

問題17 配管設備（排水管）

排水配管設備工事のますに関する次の記述のうち，**最も不適当なもの**はどれか.
(1)　管路の起点，屈曲点及び合流点にはますを設ける.
(2)　ますの設置場所は，将来構築物が設置される計画がある場所は避ける.
(3)　流入管路には，溜めますを設ける.
(4)　管路長さが，管径の 120 倍を超えない範囲内で維持管理上適切なところにますを設ける.

解説 浄化槽に流入する側の配管には溜めます（インバートのないますのこと：雨水・雑排水ます）ではなく<u>インバートます（汚水ます）</u>を付ける.　**解答▶(3)**

問題⑱ 配管設備（排水管）

敷地内の排水管工事に関する次の記述のうち，**最も不適当なもの**はどれか．

(1) 良質地盤の場合，床ならしのための砂の厚さは 10 cm 以上とする．

(2) 管路の遣方は，10 m ごとに設ける．

(3) 満水試験は 30 分以上とし，埋め戻し前に行う．

(4) 排水管と給水管が交差する場合は，排水管を給水管の上側に設ける．

解説 汚水が漏れたら下の方にしみ込み汚染の恐れがあるので，給水管を上側に設ける．

解答 ▶ (4)

問題⑲ 配管設備（排水管）

敷地内の排水管に関する次の記述のうち，**最も不適当なもの**はどれか．

(1) 荷重が掛かる場所の土かぶりは，30 cm 以上とする．

(2) 配管勾配は，一般的に管径（mm）分の 1 程度とする．

(3) インバートますの上流側底と下流側底の落差は，1 cm 以上とする．

(4) トラップますの封水深さは，5～10 cm とする．

解説 宅地内は，30 cm 以上だが，宅地内に車が通ったりする場所（車庫等）の土かぶりは，60 cm 以上（因みに公道の場合は 1.2 m 以上）とする．

解答 ▶ (1)

●排水勾配と流速●

・建物内の排水横枝管の一般的勾配が SHASE（空気調和衛生工学会規格）で決められている．

　　管径 50 mm は，勾配 1/50，
　　管径 100 mm は，勾配 1/100 となる．

管径〔mm〕	勾　配
65 以下	1/50
75 ～ 100	1/100
125	1/150
150 以上	1/200

・管内流速は 0.6～1.5 m/s 以下（平均 1.2 m/s）にするのが望ましい．勾配が小さいと流れが遅くなり，排水が流れにくい．また，大きいと流速が早くなり排水のみが流れ，汚物などの固形物が残ってしまい，詰まる原因となる．

施工管理法 ● 問題＆解答

学科試験

実地試験

問題⑳ 配管設備（トラップ）

トラップに関する次の記述のうち，**最も不適当なもの**はどれか.

(1) トラップの封水を保護するのに，通気管は有効である.

(2) 管トラップには，P形，S形，U形がある.

(3) ドラムトラップは，管トラップより，水封が破られにくい.

(4) トラップを二重にすることにより，水封が破られにくくなる.

解 説 二重トラップにすることは，流れが悪くなるため禁止されている. 強引に流そうとするとトラップの封水が破られる場合がある.　　　　　　　　　　　　**解答▶(4)**

● トラップの種類 ●

・排水トラップの役目

① 臭気を防ぐ，② ねずみや害虫などが外部から侵入しないようにする.

・トラップの種類

トラップの種類は，以下に示す.

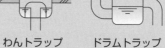

Sトラップ　Pトラップ　　　わんトラップ　ドラムトラップ
　　(a) サイホン型　　　　　　　(b) 非サイホン型

トラップの種類

その他，Uトラップ，グリーストラップ，ガソリントラップなどがある.

トラップの封水深さは，以下の通り.

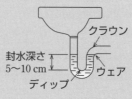

クラウン

封水深さ
5～10 cm

ディップ　ウェア

トラップの封水深さ

問題21 配管設備（ます）

配管設備工事に関する次の記述のうち，**最も不適当なもの**はどれか.

(1) インバートますのインバートの法肩は，管の天端より高くした.

(2) 排水管起点の土かぶりは，200 mm とした.

(3) 地中に埋設される給水管と排水管が交差する部分は，両管の間隔を 500 mm とした.

(4) 伸頂通気管は，排水立て管と同径とした.

解説 インバートますの法肩は，管径の 3 分の 2 以上の高さ程度とする.　　　　　解答 ▶ (1)

問題22 排水管工事（ます）

図に示す配置図において，流入管の起点から浄化槽本体までの距離は 17 m，ますの部分における落差 10 mm/ 個，管勾配は 1/100 である. 流入管の起点部における土かぶりは 200 mm，流入管の管径は 100 mm とする.

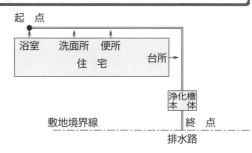

上記の場合における流入管渠側のますの数と流入管底の組合せとして，**最も適当なもの**はどれか.

流入管渠側の ますの数	流入管底	流入管渠側 のますの数	流入管底
(1) 4 個	450 mm	(2) 4 個	490 mm
(3) 6 個	470 mm	(4) 6 個	530 mm

解説 ますの数は起点，合流点，屈曲点および浄化槽の前に一つずつ必要で計 6 か所.

管底は，17 m の 1/100 勾配で 170 mm，これに流入管底 300 mm とますの数×10 mm（60 mm）が必要なので計 530 mm.　　　　　解答 ▶ (4)

3 章

施工管理法 ● 問題&解答

学科試験

実地試験

問題23 ポンプ

ポンプに関する記述のうち，**適当でないもの**はどれか．

(1) ダイヤフラムポンプは，隔膜の往復運動により液体を押し出す容積ポンプであり，浄化槽では薬液の定量注入等に用いられる．

(2) ボルテックス形水中ポンプは，大きな通路面積を確保しており，汚物等がつまりにくい構造である．

(3) ターボポンプの一種である軸流ポンプでは，羽根車から吐き出される流れが主軸と同方向である．

(4) エアリフトポンプは，空気により揚水管内の圧力を上げて水を圧送するポンプである．

解説 エアリフトポンプは，管内に空気を吹き込むことで管内の液体が空気との混合液になるため，管外より密度が小さくなり揚水される． **解答▶(4)**

● エアリフトポンプ ●

エアリフトポンプを設置する際は，吸込み口である下端開口部は槽底部にできるだけ近づけ，頂部には気液分離装置を設けることで揚水が安定する．

問題24 ブロワ

浄化槽に用いられるブロアの特徴として，最も**不適当なもの**は次のうちどれか．

(1) 電磁式ダイヤフラムブロワは，定期的なダイアフラム・弁の交換が必要である．

(2) 電磁式ピストンブロワは，吐出圧力による風量の変化がほとんどない．

(3) ロータリー式ブロワは，チャンバー内圧力を利用した潤滑オイル供給機構を有する．

(4) ルーツ式ブロワは，ベアリングへのグリス補給・交換が必要である．

解説 ピストンブロワは吐出圧力による風量（空気）の変化を受けやすい． **解答▶(2)**

問題25 ポンプ

以下の原理図に示すポンプのうち，凝集槽等における薬液注入に用いられるものとして，最も**適当なもの**はどれか．

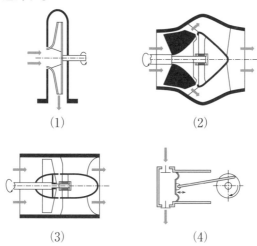

(1)

(2)

(3)

(4)

解説 (4) が，ダイアフラム型（真空）ポンプで，弁が上下に２つ付いている．吐出量が少ないが，正確な量の薬液注入ができる．(1) は渦巻ポンプ，(2) は斜流ポンプ，(3) は軸流ポンプである．

解答▶ (4)

問題26 ブロワ

ルーツ型ブロワの異常な現象とその原因に関する次の組合せのうち，**最も不適当なもの**はどれか．

	異常な現象	原因
(1)	異常な発熱	V ベルトの張り過ぎ
(2)	起動しない	ケーブルの断線
(3)	安全弁の作動	吐出配管からの空気漏れ
(4)	異音の発生	ギヤ部の潤滑油の不足

解説 ルーツ型ブロワは，内部圧力が高くなるので安全弁を吐出側に付けて，圧力を逃がすこと．吐出配管に空気漏れがあれば，異常な現象にはならない．

解答▶ (3)

問題27　機器設置工事

　内部設備工事に関する次の記述のうち，**最も不適当なもの**はどれか．

(1)　荒目スクリーンは目幅が大きいため，自動除去装置を省略する．

(2)　移送水量を正確に調整するため，計量調整移送装置を二段式とする．

(3)　沈殿槽が正方形の場合の越流せきは，壁に沿って4面に設置する．

(4)　消毒槽の流路には，短絡を防ぐため，バッフルなどの遮壁を設ける．

解 説 荒目スクリーンは保守点検の作業性を考えて<u>自動型</u>とする．　　　解答▶(1)

問題28　内部設備

　流量調整槽の内部設備工事に関する次の記述のうち，**最も不適当なもの**はどれか．

(1)　フロートスイッチは互いにもつれないように十分離して取り付ける．

(2)　流量調整槽の散気撹拌の主な目的は，臭気発生を抑制するためである．

(3)　移送用の常用ポンプは2台以上設置する．

(4)　流量調整は移送ポンプと計量調整移送装置との組合せで行う．

解 説 流量調整槽内に散気撹拌をして<u>好気性菌の好む酸素を入れて臭気を出さないように</u>する．　　　解答▶(2)

問題29　内部設備

　嫌気ろ床槽における内部設備に関する次の記述のうち，**最も不適当なもの**はどれか．

(1)　ろ材は目詰まりを起こすので，自動空気逆洗装置を設ける．

(2)　汚泥の清掃孔は直径15 cm以上の円が内接する大きさとする．

(3)　沈殿分離に加え傾斜板効果やろ過効果を期待するため，ろ材を充填する．

(4)　嫌気ろ床槽は2室以上に区分する．

解 説 浄化槽の法的に定められている回数は<u>年1回以上</u>とされているので，必ずしも自動空気逆洗装置を付けなくてもよい．　　　解答▶(1)

問題**30**　**機器設置工事（嫌気ろ床接触ばっ気方式）**

嫌気ろ床接触ばっ気方式に関する次の記述のうち，**最も不適当なもの**はどれか．
(1)　ろ材受けは，ろ材に汚泥が付着したまま槽内水を抜いても，破損しない構造とする．
(2)　散気装置は，槽底部にボルトで固定する．
(3)　逆洗装置は，配管をループ形とすると共に2系列以上に分割する．
(4)　処理対象人員が31人以上の規模における散気用の送風機は，予備を設けるものとする．

解説　散気装置はメンテナンスにおいて，脱着の必要があるので，<u>固定せず散気管受けで支持する</u>．　　　　　　　　　　　　　　　　　　　　　　　　**解答▶(2)**

問題**31**　**機器設置工事（長時間ばっ気方式）**

長時間ばっ気方式の沈殿槽に関する記述のうち，**適当でないもの**はどれか．
(1)　汚泥返送管の管径は，汚泥による閉塞を防止するため50 mm以上とする．
(2)　汚泥返送用に水中ポンプを採用する場合は，回転数が低いポンプを選定する．
(3)　汚泥の腐敗やスカムの発生を防止するため，ホッパー底部の面積はできる限り狭くする．
(4)　ホッパー部分は汚泥が底部にすべり落ちるよう，水平に対して60°以上の勾配とする．

解説　汚泥返送管は閉塞しやすいので，管径<u>100 mm以上</u>とする．　　**解答▶(1)**

問題**32**　**浄化槽の試運転及び検査**

浄化槽の試運転及び検査に関する次の記述のうち，**最も不適当なもの**はどれか．
(1)　総合試運転を行う前に，機器単体ごとの確認運転を行う．
(2)　制御盤の接地抵抗値は適切な範囲にあるか確認する．
(3)　槽内に水を満たし，内部設備，ポンプ等の稼働状況確認及び調整を行う．
(4)　原水ポンプは，異常高水位のときに2台自動交互運転となるように調整する．

解説　原水ポンプは異常高水位になったら，<u>非常時2台同時運転</u>とする．　　**解答▶(4)**

問題33 電気工事

電気工事における配管工事に関する次の記述のうち，最も**不適当なもの**はどれか．
(1) 金属管相互の接続には，カップリングを使用した．
(2) 地中埋設する金属管には，ねじなし電線管を使用した．
(3) コンクリート埋設には，合成樹脂可とう電線管（CD管）を使用した．
(4) 金属管の端口には，ブッシングを取り付けた．

解説 ねじなし電線管は，肉厚が薄く屋内の露出部や天井裏用である．地中埋設は，一般的にポリエチライニング電線管を使用する． **解答▶(2)**

問題34 電気工事

電気工事の施工に関する次の記述のうち，**最も不適当なもの**はどれか．
(1) 金属管の端部には，ブッシングを使用する．
(2) 金属管と接地線との接続は，接地クランプを使用する．
(3) 金属管相互及び金属管とボックスの接続は，ボンド線にて電気的に完全に接続する．
(4) 照明器具やコンセントの取付け位置には，プルボックスを使用する．

解説 プルボックスは電線を交差させたり曲げる場合に設けるものであり，照明器具やコンセントの取付けには，アウトレットボックスという． **解答▶(4)**

問題35 電気工事

低圧屋内配線を湿気の多い場所に施設する場合の工事として，**最も不適当なもの**は次のうちどれか．
(1) 金属管工事 (2) 金属ダクト工事
(3) 合成樹脂管工事 (4) 金属可とう電線管工事

解説 湿気の多い場所に施設する場合の工事は，金属ダクト工事である． **解答▶(2)**

3・6 工事検査

1 試運転

1. 漏水検査

　埋戻し工事前の据付後の時点で水張りを行い，単槽単位では漏水の有無について確認しているが，各工事終了後すべての配管の接合状況を確認したうえで，再度槽内を満水にし24時間経過した後に水位低下がないか確認する.

2. 試運転における確認事項

　施工者は，設計図書どおりの施工ができたかどうかを確認するために，施工完了後各単位装置へ実際に水を流し水位や流れの確認を行う. 各機器類についてもその所定の機能が発揮できるか，関連機器が正しく連動して制御されるかについて，原則として**実負荷**を掛けた上で調整し，総合運転を実施しなければならない.

　浄化槽の処理機能は施工の良否によって大きく影響されるので，竣工検査を受け浄化槽管理者に引き継ぐ前に，責任をもって自らの工事をチェックしておく必要がある.

　以下に試運転を行う上での一般的なチェック項目を示す.

① 建築物の用途の確認

- ☑建築物の**用途**に変更はないか.
- ☑浄化槽の**型式**および**構造**は適切か.
- ☑建築物の用途が多量の油脂類を排出する場合，**油脂類を排除する装置**が設けられているか.

② 浄化槽上部および周辺の状況の確認

- ☑保守点検，清掃の困難な場所に設置されていないか.
- ☑保守点検，清掃の支障となるものが置かれていないか.
- ☑**コンクリートスラブ**が打たれているか.
- ☑**嵩上げの状況が適切**で，バルブの操作などの維持管理を容易に行うことができるか.
- ☑マンホールに亀裂，破損がなく**密閉**されているか.
- ☑流入，放流ますおよび，本槽開口部から**雨水の流入**のおそれはないか.
- ☑管の露出などにより**破損，変形，漏水**のおそれなどはないか.

③ 浄化槽内の状況の確認

☑槽が**水平**に設置されているか.

☑槽に変形や破損がなく, **漏水のおそれ**がないか.

☑槽内の**観察**, 装置の操作, **試料の採取**, **薬剤の補充**などに支障がないか.

☑槽内に土砂などが**堆積**していないか.

④ 原水ポンプ（原水槽）, 移送ポンプ（流量調整槽）, 放流ポンプ（放流槽）
設備共通

☑ポンプが**2台以上**設置されているか.

☑設計どおりの能力のポンプが設置されているか.

☑ポンプがしっかり**固定**されているか. また**取り外しは可能**か.

☑ポンプの位置や配管がレベルスイッチの稼働を妨げるおそれがないか.

☑異常音は無く**作動状況**は正常か.

☑ポンプの**絶縁抵抗**は正常か.

☑レベルスイッチの高さおよび作動状況は適正か.

⑤ 送風機

☑送風機および空気配管に異常な振動, 騒音, 空気漏れなどはないか.

☑しっかり**固定**されているか.

☑**アースが接続**されているか. また**漏電**のおそれがないか.

☑送風機の**送風量**は規定量あるか.

⑥ 原水ポンプ槽（散気管がある場合）

☑砂だまりの**散気状況**は適正か.

☑散気バルブの**調整**程度を確認する.

⑦ 流量調整槽

☑**散気バルブの開度**および**散気状態**は適正か.

☑微細目スクリーンの作動状況は正常か.

☑移送ポンプの移送水量は設定どおりか.

⑧ 接触ばっ気槽

☑**接触材**, ばっ気装置, 逆洗装置および**汚泥移送装置**に, 変形, 破損がなく,
しっかり固定されているか.

☑槽内の**散気状態**は均等かつ正常か. また**逆洗装置**の稼働は正常か.

☑**消泡剤の位置**および量は適正か.

⑨ 担体流動槽

☑**規定された水位**となっているか.

☑ 槽内がばっ気により均一に**撹拌**されているか.

☑ 担体の**滞留がなく正しく流動**しているか.

⑩ 沈殿槽

☑ 越流せきなどの**取付けが水平**で,上澄水の**越流状態は均一**で正常か.

☑ エアリフトポンプ,スカムスキマの能力,稼働間隔,稼働時間は正常か.

☑ **電磁弁の作動状況**は正常か.

⑪ 消毒槽

☑ 薬剤筒に変形や破損がなく**しっかり固定**され,**傾きはないか**.

☑ 薬剤筒に消毒剤が**適正量充填**され,処理水と適正に**接触**しているか.

⑫ 汚泥濃縮貯留槽

☑ 脱離液の**越流状態**を確認する.

☑ ばっ気装置の**撹拌状況**を確認する.

⑬ 制御盤

☑ 設備機器と電気図面の照合(**電気容量,電圧,周波数**などを確認する).

☑ 盤のスイッチと機器の作動状況を確認する.

☑ **満水時の異常警報**は正常に作動するか.

☑ 機器の異常(**過負荷,漏電**)の表示は正常か.

☑ 異常時の**警報装置**は正常に作動するか.

☑ 機器運転時の**電流値**は適正か.

☑ **電流計の赤針位置**および**ゼロ点調整**を行う.

☑ **タイマー計**の設定は適正か.

☑ **接地抵抗値**を確認する.

⑭ 流入・放流管渠における水の流れ方の確認

☑ **特殊な排水**および雨水などが流入していないか.

☑ **起点,屈曲点,合流点,勾配・管種の変わるところ**および**一定間隔**ごとに適切な升が設置されているか.

☑ 施工終了後の**管渠内の掃除**が行われているか.

☑ 流入管渠の升は**インバートが切ってあるか**.

☑ 建物内へ**臭気が逆流**しないようになっているか(トラップを設置してあるか).

☑ **最も遠い点検口から水を流し**管渠内で滞留することなくスムーズに流れるか.

☑ **放流先水路と放流管底の水位差**は適切に保たれ,**逆流のおそれ**がないか.

2 ▶工 事 検 査

　検査を行う目的は，申請された**設計図書の内容**に基づいて浄化槽が完成しているか確認するためである．

1. 検 査 内 容

　① 外観検査

　目視にて，浄化槽の形状，寸法，構造，数量，据付け・組立てならびに施工状態を確認する．

　② 性能検査

　機器・装置類の現場据付けおよび配管接続完了後に当該機器の**性能・機能の確認**を行う．現場での確認が困難な場合は，メーカーによる性能試験成績書，工場立会検査試験成績書や公的機関の合格書等で代用することがある．

　③ 運転検査

　装置・機器類を**無負荷**，**実負荷**の状態にて**運転・動作の確認**を行う．

2. 工事検査とその種類

　工事の進捗状況に伴い，原則として**建築主事**が次の検査を行う．

　　　　　 着工検査 → 中間検査 → （漏水試験，試運転）→ 竣工検査

　工場生産浄化槽の場合，建築主事の判断で**竣工検査のみ**となることが多い．

　① 着工検査

　浄化槽工事の着工に際し，現場において**設計図書に基づき施工可能かどうか検査**を行う．浄化槽設置届等による所轄官庁での書類審査の場合が多い．

　② 中間検査

　浄化槽が**大型**の場合や**特殊な構造**，形式の場合など，工事期間の途中（**浄化槽への水張り前**）で行う検査．主に**竣工検査の時点で確認できなくなってしまう**ような箇所について検査を行う．

　③ 竣工検査

　浄化槽工事が完了後，**申請された設計図書どおりに施工された**かどうか，所定の処理機能となっているかどうかについて，浄化槽工事完了届を提出したのち検査が行われる．

3. 竣工検査における検査項目

　① 設計図書の確認

　　　☑図面どおりの形状・寸法・容量で施工されているか．

　　　☑着工検査・中間検査で指摘された事項があれば，それが守られているか．

② 設置場所

☑ 保守点検および清掃に支障は生じないか.

☑ 周囲に対して騒音・振動などの影響はないか.

③ 流入設備

☑ 雨水などの処理対象以外の排水が流入していないか.

☑ 配管の位置，寸法，材質，勾配，取付け方法が適正か.

④ 本体

☑ 基礎はよいか.

☑ 工場生産浄化槽の場合，所定の水平に据付けられているか.

☑ 亀裂，破損などはないか．また，仕上げがきれいにできているか.

☑ 防水工事は完全か.

☑ 埋戻し方法は適正か.

☑ 槽底の勾配は適正か.

⑤ 内部構造

☑ 流入管，流出管の接続はよいか.

☑ ろ材，接触材の材質，量，形状，入れ方，取付け方法はよいか.

☑ ブロワの仕様，据付け状態，運転状態はよいか.

☑ ばっ気，撹拌状態はよいか.

☑ 各種配管の材質，寸法，取付け状態，塗装はよいか.

☑ 空気配管の漏洩はないか.

☑ 消毒装置の仕様，取付け方法，混和状態はよいか.

⑥ 電気設備

☑ 電気設備に危険はなく，絶縁性は良好か.

☑ 電動機，制御盤に接地工事がなされているか．接地抵抗値はよいか.

☑ 電線の断線，誤接続や制御盤の仕様に誤りはないか.

⑦ 放流設備

☑ 放流先への接続はよいか．自然放流の場合，逆流のおそれはないか.

☑ 配管の材質，勾配，ますはよいか.

☑ 放流ポンプの仕様，運転状態はよいか.

☑ 水質試験のための採水が容易に行えるか.

⑧ 汚泥貯留槽，汚泥濃縮槽

☑ 槽は臭気が発散しない構造になっているか.

☑ 汚泥の引き抜き作業が容易な構造になっているか.

問題❶　試運転時の検査項目とチェック項目

試運転時の検査項目とチェック項目の組合せとして，**最も不適当なもの**は次のうちどれか．

	検査項目	チェック項目
(1)	浄化槽内の状況 ————	破損，変形，漏水がないこと．
(2)	接触ばっ気槽の状況 ————	送風量が規定量であること．
(3)	沈殿槽の状況 ————	槽底部で旋回流があること．
(4)	放流ポンプ槽の状況 ————	ポンプの絶縁抵抗が正常であること．

解説 沈殿槽の底部における水の流れはゆるやかな上向流であり，旋回流のような流れが起きると汚泥は沈降せずに撒き上がってしまう． **解答▶(3)**

● 沈殿槽 ●

沈殿槽の試運転時のチェックポイントは，沈殿槽の規定の水位になるように越流せきが正しい位置に水平に取り付けられているか確認する．また，水を流して越流せきの全面から均等に越流しているかも確認する．

問題❷　試運転時の検査項目とチェック項目

試運転の検査項目とチェック項目の組合せとして，**最も不適当なもの**は次のうちどれか．

	検査項目	チェック項目
(1)	消毒槽の状況 ————	薬剤筒の薬剤は適正量充填されているか
(2)	浄化槽内の状況 ————	槽が水平に設置されているか
(3)	沈殿槽 ————	上澄水の越流状態は正常か
(4)	放流管渠における水の流れ方 ————	放流先の水路の水位と放流管底は同じ高さとなっているか

解説 放流先の水路と放流管底の水位が同じ水位となっていると，放流先の水路から放流管に逆流し浄化槽内の水位を変えてしまうなど悪影響を及ぼすので，放流口と放流先の水位差は逆流のおそれがないよう適切に保つ必要がある． **解答▶(4)**

問題3 試運転時のチェック項目

　流入管渠，放流管渠における試運転時のチェック項目に関する次の記述のうち，**最も不適当なもの**はどれか．

(1) 起点，屈曲点，合流点及び一定間隔ごとに適切な升が設置されているか．

(2) 管渠内の掃除が行われているか．

(3) 流入管渠，放流管渠のますは全てインバートますとなっているか．

(4) 流入管渠に雨水が流入していないか．

解説 流入管渠には汚物が流れるためインバートますを使用しなければならないが，放流管渠に流れるのは処理水なのでインバートますである必要はない．　　　　　　　　　　　解答▶(3)

問題4 使用開始時の確認事項

　担体流動・生物ろ過方式の小型浄化槽の使用開始時の確認事項に関する次の記述のうち，**最も不適当なもの**はどれか．

(1) 浄化槽のマンホールを開け，流入管底，放流管底および各槽内の水位を確認する．

(2) 浄化槽本体より最も離れた点検口から水を流し，流入および放流管渠内の水の流れを確認する．

(3) 担体流動槽の水面が大きく波立ち，担体が飛び跳ねていたのでばっ気空気量を少なく調整した．

(4) 生物ろ過槽を手動で逆洗し，はく離汚泥の自然移送が可能であることを確認する．

解説 使用開始前なので，汚泥の生成がなく，手動で逆洗しても，はく離汚泥の確認はできない．逆洗は，ろ過部の汚泥による閉塞を防止するために，通常タイマーにより設定された時刻で，設定された時間だけ逆洗を行い，逆洗により生じたはく離汚泥は，汚泥移送用エアリフトポンプによって強制移送する．　　　　　　　　　　　　　　　　　　　　　　解答▶(4)

 ●担体流動槽●
試運転時における担体流動槽のばっ気空気量の調整は，水面の波立ちがゆるやかで担体の流動状況が目で追いかけられる程度の速度となるように設定する．

問題5　試運転および検査

浄化槽の試運転及び検査に関する次の記述のうち，**最も不適当なもの**はどれか．

(1)　総合試運転を行う前に，機器単体ごとの確認運転を行う．

(2)　制御盤の接地抵抗値は適切な範囲にあるか確認する．

(3)　槽内に水を満たし，内部設備，ブロワ，ポンプ等の稼働状況確認及び調整を行う．

(4)　原水ポンプは，異常高水位のときに2台自動交互運転となるように調整する．

解説 異常高水位のときは，2台同時運転としなければならない．2台自動交互運転となるのは高水位で，停止位置が低水位である．　　　　　　　　　　　　解答▶ (4)

問題6　移送ポンプの試運転

流量調整槽の移送ポンプの試運転に関する次の記述のうち，**最も不適当なもの**はどれか．

(1)　水位に応じて起動・停止するかどうかを確認する．

(2)　時間最大汚水量に対応できる能力かどうかを確認する．

(3)　自動で交互に切り替わるかどうかを確認する．

(4)　正常な運転電流値であるかどうかを確認する．

解説 流量調整槽の移送ポンプは時間平均汚水量が必用能力である．流量調整槽の前工程にある原水ポンプは時間最大汚水量が必用能力となる．　　　　　　　　解答▶ (2)

3
章

施工管理法 ● 問題 & 解答

問題 7   各単位装置の調整方法

性能評価型浄化槽における各単位装置の調整方法に関する次の記述のうち，**適当でないもの**はどれか．

(1) 循環装置は，バルブ開度あるいはダイヤル値により調整する．

(2) 流量調整装置は，調整用ゲートの高さにより調整する．

(3) 自動逆洗装置は，タイマーの設定を変更することにより調整する．

(4) 汚泥移送装置は，フロートスイッチの位置により調整する．

解説 汚泥移送装置はエアリフトポンプを使用し，ブロワ配管電磁弁の時間・間隔をタイマー設定により調節することで汚泥移送量を調節する．　　　　　　　　　　**解答 ▶ (4)**

問題 8   試運転時の確認事項

性能評価型小型浄化槽の試運転時の確認事項に関する次の記述のうち，**最も不適当なもの**はどれか．

(1) 担体流動槽は，ばっ気の状況，担体の流動状況を確認する．

(2) 生物ろ過槽は，逆洗時刻および逆洗時間の設定，ならびに逆洗時の状況を手動運転で確認する．

(3) 循環装置は，連続運転の場合には循環水量，間欠運転の場合にはサイクルタイムを確認する．

(4) 放流用エアリフトポンプが設けられた処理水槽では，満水時に時間平均汚水量が放流されることを確認する．

解説 浄化槽を深埋めするなどして放流ポンプが必要な場合は，エアリフトポンプではなく水中ポンプを2台以上設置する．放流水量の設定は，時間平均汚水量より多くしないと槽内水位が上昇し，担体の流出などが生じるおそれがあるので余裕をもって設定する．　　**解答 ▶ (4)**

 マスターPoint

● 担体の水馴染み ●

担体流動槽の試運転時に担体が浮上して流動しない場合は，担体が水と馴染んでいない状態であるので，試運転の2～3日前からあらかじめばっ気を行い，よく水に馴染ませておく必要がある．

問題9　試運転調整

工事が完了した工場生産型浄化槽（流量調整・嫌気ろ床槽・担体流動槽・生物ろ過槽）の試運転調整において，確認すべき項目および内容のうち，**適当でないもの**はどれか．
(1)　担体流動槽の間欠ばっ気撹拌状況の確認
(2)　流量調整装置の作動状況の確認
(3)　ブロワの防振，騒音，漏電対策および配管系統の確認
(4)　生物ろ過槽の逆洗装置の作動状況の確認

 解　説　担体流動槽は，間欠ばっ気ではなく，連続ばっ気を行う．　　　解答▶(1)

 マスター Point　●生物ろ過槽の逆洗●
生物ろ過槽の逆洗は，通常汚水の流入の少ない夜中に行うようタイマーをセットする．

問題10　試運転調整

使用開始前の性能評価型小型浄化槽の試運転調整において，確認すべき項目及び内容として，**最も不適当なもの**は次のうちどれか．
(1)　流量調整装置の移送水量の調整機能
(2)　担体流動槽や生物ろ過槽における担体への生物膜の付着状況
(3)　散気装置への送風量の調整機能
(4)　嫌気ろ床槽のろ材の固定状況

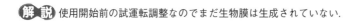 **解　説**　使用開始前の試運転調整なのでまだ生物膜は生成されていない．　　　解答▶(2)

問題⑪　流入管渠の構造

　図に示す配置図において，流入管の起点から浄化槽本体までの距離は 17 m，ますの部分における落差は 10 mm/個，管勾配は 1/100 である．流入管の起点部における土かぶりは 250 mm，流入管の管径は 100 mm とする．

　上記の場合における流入管渠側のますの数と流入管底の組合せとして，**最も適当なもの**は次のうちどれか．ただし，ますの大きさは考慮しないものとする．

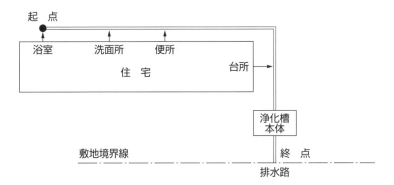

	流入管渠側のますの数	流入管底
(1)	4 個	500 mm
(2)	5 個	520 mm
(3)	5 個	540 mm
(4)	6 個	580 mm

解説 ますの数は起点，洗面所・便所・台所の合流点，屈曲点，浄化槽流入前の 6 個

　　250 ＋ 100 ＋ 10 × 6 ＋ 17 × 1000/100 ＝ 580 mm

解答 ▶ (4)

問題⑫ 工事検査

浄化槽の工事検査に関する次の記述のうち，**最も不適当なもの**はどれか．

(1) 着工検査，中間検査，竣工検査は原則として建築主事が行う．

(2) 着工検査の結果，工事の着工が一時停止されることがある．

(3) 竣工検査に先立ち漏水検査や試運転が行われる．

(4) 工場生産浄化槽では，建築主事の判断により，竣工検査が省略されることがある．

解説 工場生産浄化槽では着工検査，中間検査が建築主事の判断で省略され，竣工検査のみとなっていることが多い． **解答▶(4)**

 ● 建築主事 ●
建築基準法第 4 条の規定により建築確認や完了検査を担当する地方公務員のことである．

問題⑬ 工事検査

工事が適正に完了したかをチェックするための次の検査項目とチェックポイントの組合せのうち，**適当でないもの**はどれか．

	検査項目	チェックポイント
(1)	嵩上げの状況	マンホールに頭を入れてバルブに手が届くか
(2)	ばっ気装置の稼働状況	空気の出方や水流に偏りがないか
(3)	消毒装置の状況	消毒装置に変形や破損がないか
(4)	ブロワの状況	防振，騒音，漏電対策がなされているか

解説 マンホールの嵩上げは，バルブの操作など維持管理上容易に行えるように 30 cm 以内とする．頭を入れないとできないようなバルブ操作は 30 cm 以内ではない． **解答▶(1)**

マスターPoint マンホール蓋の嵩上げが 30 cm 以上となる場合は，ピット（二重スラブ）工事を行う．ピットには雨水排水ドレンを設け，ピット上部は開閉して維持管理ができるようチェッカープレートで覆う．

問題⑭ 工事検査

浄化槽市町村整備推進事業で住宅地に設置された小型浄化槽の工事後の検査において確認された事項として，**最も適当なもの**は次のうちどれか．

(1) 屋外設置のブロワを運転し，敷地境界において騒音を測定したところ 70 dB であった．

(2) 浄化槽の上部を駐車場として使用しないので，スラブ工事を省略していた．

(3) 工場製作時に漏水試験済みであるが，水張り時の満水試験を 24 時間で行っていた．

(4) 雨水排除管を臭突管に併用していた．

解説 (1) 騒音規制法の基準の緩い工業地域でも，夜間は敷地境界線上で 60 dB 以下でなければならない．(2) 上部スラブ工事は槽本体の浮上防止，槽への雨水浸入防止，点検時の作業性の観点からも必要である．(4) 槽内へ雨水が流入してしまうので，絶対にしてはならない．

解答▶(3)

問題⑮ 工事検査

工場生産型浄化槽を地上に設置する場合，注意しなければならない事項に関する記述のうち，**適当でないもの**はどれか．

(1) 流入汚水管と槽本体との接続を確実に行うため，フレキシブルパイプは用いない．

(2) 長期間紫外線にさらされることになるので，必要に応じて槽表面に耐候性塗料を塗布するなどの処理を行う．

(3) 保守点検，清掃のしやすさを考慮して，点検口の周囲に鉄骨鋼材等で補強した点検廊を設け，その周囲に規定の安全柵，階段，手すりを設ける．

(4) 地震時の転倒や振動に対して安全な構造とする．

解説 地震時などに，配管と槽本体の変位や衝撃などを吸収し破損を防止できるので，使用することが望ましい．

解答▶(1)

●地上設置●
工場生産型浄化槽に設ける架台は，浄化槽本体に直接外部からの異常な荷重が加わらないような構造にしなくてはならない．

Note

4章 法 規

　浄化槽に関係する法規については，浄化槽法，建設業法，建築基準法，労働安全衛生，下水道法，水質汚濁法，その他の法規（廃棄物の処理および清掃に関する法律，建設工事に係る資材の再資源化等に関する法律）について問われる.

　なお，各法規は抜粋である.

【出題傾向】

◎よく出るテーマ

1 浄化槽法については，設置後の水質検査，建設業者が浄化槽工事業を開始，浄化槽工事業の登録事項，浄化槽設備士の更新を問う問題が出題されている.

2 建設業法については，管工事の建設業の許可，主任技術者および管理技術者の職務を問う問題が出題されている.

3 建築基準法については，排水配管設備の構造（排水トラップ，マンホールの口径，排水槽の底の勾配，根切り工事，大規模修繕，し尿浄化槽の処理対象人員算定における延べ面積との関係等を問う問題が出題されている.

4 労働安全衛生法については，安全衛生管理体制，作業主任者を選任すべき作業，労働安全衛生規則が出題されていたが近年，出題されていない.

5 下水道法については，用語の定義，くみ取便所の改造，水質汚濁防止法，除害施設の設置を問う問題が出題されている.

6 水質汚濁法については，水質汚濁防止法の施設，特定施設の設置の届出を問う問題が出題されている.

7 その他の法規については，廃棄物の処理および清掃に関する法律，建設工事に係る資材の再資源化等に関する法律を問う問題が出題されている.

4・1 浄化槽法

昭和58年5月18日法律第43号（最終改正　平成20年5月23日法律第40号）

1 ▶目的（浄化槽法第1条）

　この法律は，浄化槽の設置，保守点検，清掃及び製造について規制するとともに，浄化槽工事業者の登録制度及び浄化槽清掃業の許可制度を整備し，浄化槽設備士及び浄化槽管理士の資格を定めること等により，公共用水域等の**水質の保全**等の観点から浄化槽によるし尿及び雑排水の適正な処理を図り，もって**生活環境の保全及び公衆衛生の向上**に寄与することを目的とする．

2 ▶浄化槽に関する基準等（浄化槽法第4条）

●浄化槽法（以下「法」という）第4条第1項

　環境大臣は，浄化槽から公共用水域等に放流される水の水質について，環境省令で，技術上の基準を定めなければならない．

●法第4条第2項

　浄化槽の構造基準に関しては，建築基準法並びにこれに基づく命令及び条例で定めるところによる．

●法第4条第5項

　浄化槽工事の技術上の基準は，**国土交通省令・環境省令**で定める．

3 ▶設置後等の水質検査（法第7条）

●法第7条第1項

　新たに設置され，又はその構造若しくは規模の変更をされた浄化槽については，環境省令で定める期間内に，**環境省令で定めるところにより**，当該浄化槽の所有者，**浄化槽管理者**は，**指定検査機関の行う水質に関する検査を受けなければならない**．

●法第7条第2項

　指定検査機関は，前項の水質に関する検査を実施したときは，環境省令で定めるところにより，遅滞なく，**環境省令で定める事項を都道府県知事に報告**しなければならない．

4 ▶ 浄化槽の型式認定（法第13条）

●法第13条第1項

　浄化槽を工場において製造しようとする者は，製造しようとする浄化槽の型式について，国土交通大臣の認定を受けなければならない．ただし，試験的に製造する場合においては，この限りでない．

●第2項

　外国の工場において本邦に輸出される浄化槽を製造しようとする者は，製造しようとする浄化槽の型式について，国土交通大臣の認定を受けることができる．

●法第16条

　第13条第1項又は第2項の認定は，5年ごとにその更新を受けなければ，その期間の経過によって，その効力を失う．

5 ▶ 浄化槽の設置に係る身分資格（法第21条）

●法第21条第1項

　浄化槽工事業を営もうとする者は，当該業を行おうとする区域を管轄する都道府県知事の登録を受けなければならない．

●第2項

　前項の登録の有効期間は，5年とする．

●第3項

　前項の有効期間の満了後引き続き浄化槽工事業を営もうとする者は，更新の登録を受けなければならない．

6 ▶ 浄化槽設備士の設置（法第29条）

●法第29条第1項

　浄化槽工事業者は，営業所ごとに，浄化槽設備士を置かなければならない．

●第2項

　浄化槽工事業者は，第29条第1項の規定に抵触する営業所が生じたときは，2週間以内に同項の規定に適合させるため必要な措置をとらなければならない．

●第3項

　浄化槽工事業者は，浄化槽工事を行うときは，これを浄化槽設備士に実地に

監督させ，又はその資格を有する浄化槽工事業者が自ら実地に監督しなければならない．ただし，これらの者が自ら浄化槽工事を行う場合は，この限りでない．

7 浄化槽工事の技術上の基準及び浄化槽の設備などの届出に関する省令

●第1条

　浄化槽法第4条第5項の規定による浄化槽工事の技術上の基準は，次の通りとする（抜粋）．

第一号　浄化槽工事用の図面及び仕様書に基づいて行うこと．

第二号　浄化槽が法第4条第2項に規定する浄化槽の構造基準に適合するように行う．

第五号　根切り工事，山留め工事等は，次に定めるところにより行うこと．

　　イ　建築物その他の工作物に近接して行う場合においては，あらかじめ，当該工作物の傾斜，倒壊等を防止するために必要な措置を講ずること．

　　ロ　地下に埋設されたガス管，ケーブル，水道管等を損壊しないように行うこと．

　　ハ　根切り工事を行う場合においては，当該根切り工事の深さ並びに地層及び地下水の状況に応じて，あらかじめ，山留めの設置等地盤の崩壊を防止するために必要な措置を講ずること．

　　ニ　埋戻しを行う場合においては，浄化槽内に異物が入らないように行うとともに，十分な締固めを行うこと．

第六号　基礎工事は，地盤の状況に応じて，基礎の沈下又は変形が生じないように行うこと．

第七号　基礎の状況に関する記録を作成すること．

第九号　地下水等の状況に応じて，浄化槽の浮上がりを防止する措置を講ずること．

第十一号　接触材，ばっ気装置等を浄化槽に固定する場合においては，ばっ気，撹拌流，振動等によりその機能に支障が生じることのないように行うこと．

第十二号　越流ぜきの調整が必要な場合においては，越流水量が均等になるように調整すること．

第十四号　電気設備については，接地等が適切に行われ，安全上及び機能上の支障がないことを確認する．

8 環境省関係浄化槽法施行規則（規則第1条の2）

放流水の水質の技術上の基準について，以下のように定められている．

● 浄化槽からの放流水の生物化学的酸素要求量が1Lにつき20 mg以下であること．

● 浄化槽への流入水の生物化学的酸素要求量の数値から，浄化槽からの放流水の生物化学的酸素要求量の数値を減じた数値を浄化槽への流入水の生物化学的酸素要求量の数値で除して得た割合が90％以上であることとする．ただし，みなし浄化槽については，この限りでない．

9 設置後等の水質検査の内容（規則第4条）

規則第4条に以下のように定められている．

● 環境症例で定める期間は，使用開始後3月を経過した日から5月間とする．

● 設置後等の水質検査の項目，方法その他必要な事項は，環境大臣が定めるところによるものとする．

● 浄化槽管理者は，設置後等の水質検査に係る手続きを，当該浄化槽を設置する浄化槽工事業者に委託することができる．

10 建設業者に関する特例（法第33条）

● 建設業に基づく土木工事業，建築工事業または管工事業の許可を受けている建設業者は，浄化槽工事業を開始したときに，その旨を遅滞なく都道府県知事に届け出ることが必要であるが，それにより浄化槽工事業の登録を受ける必要はない（法第33条第1項）．しかし，浄化槽工事業を営むものについては登録を受けた浄化槽工事業者とみなされ，浄化槽法の適用を受ける（法第33条第2項）．

11 浄化槽設備士と浄化槽管理士の違い（法第42条，第45条）

● 浄化槽設備士は，浄化槽工事を実地に監督者として法第42条第1項の浄化槽設備士免状の交付を受けている者のこと．

● 浄化槽管理士は，浄化槽の管理士の名称を用いて浄化槽の保守点検の業務に従事する者として法第45条第1項の浄化槽管理士免状の交付を受けている者のこと．

問題１　浄化槽法

浄化槽法に関する次の記述のうち，**誤っているもの**はどれか．
(1) 浄化槽工事の技術上の基準を定めているのは，国土交通省令のみである．
(2) 工事終了後，使用開始してから３月を経過した日から５月以内に法第７条検査を受検しなければならない．
(3) 家屋等の新築に伴い浄化槽を設置する場合は，建築確認等の手続きが必要である．
(4) 水洗化のため，既存のくみ取り便所を改造して浄化槽を設置する場合は，都道府県知事及び当該都道府県知事を経由して特定行政庁に届出が必要である．

 解説 法第４条第１項に「環境大臣は，浄化槽から公共用水域等に放流される水の水質について，環境省令で，技術上の基準を定めなければならない．」と定められている．　**解答▶(1)**

マスターPoint (2) 施行規則第４条の第１項に定められている．（3）建築基準法第31条第２項及び施行令第35条第１項の規定に基づき，「国土交通大臣の認定を受けた構造のもの，又は国土交通大臣が定めた構造方法による．」と定められているので建築確認等の手続きが必要である．（4）法第５条第１項に定められている．

問題２　浄化槽法

浄化槽法第７条に規定されている設置後等の水質検査に関する次の検査のうち，**最も不適当なもの**はどれか．
(1) 構造や施工が基準に従って，適切に行われているか否かについて検査する．
(2) 手続きは，当該浄化槽の保守点検を行う保守点検業者に委託できる．
(3) 実施時期は，使用開始後３月を経験した日から５月間である．
(4) 実施機関は，都道府県知事の指定を受けた検査機関である．

 解説 手続きは，当該浄化槽を設置する浄化槽設置業者に委託できる．　**解答▶(2)**

 マスターPoint (2) は環境省関係浄化槽法施行規則（以下「規則」という）第４条第３項，（3）は，規則第４条第２項，（4）は，浄化槽法第７条第１項に定められている．

問題 3 浄化槽法

浄化槽法に関する次の記述のうち，**誤っているもの**はどれか．
(1) 型式認定を受けた浄化槽には，浄化槽法令に基づく表示を付さなければならない．
(2) 浄化槽の使用を廃止したときは，その日から30日以内に都道府県知事に届け出なければならない．
(3) 浄化槽の型式認定は，5年ごとに更新を受けなければ，その効力を失う．
(4) 建設業法の土木工事業，建設工事業または管工事業の許可を受けていても，浄化槽工事業を営む場合には，その旨の登録をしなければならない．

解説 建設業法の土木工事業，建設工事業または管工事業の許可を受けているので，浄化槽工事業を営む場合には，その旨の登録をする必要はない（浄化槽法第33条第1項）．

解答 ▶ (4)

マスターPoint 浄化槽の型式は，国土交通大臣の認定が必要である．

問題 4 浄化槽法

次の記述のうち，浄化槽法にてらして，**誤っているもの**はどれか．
(1) 浄化槽には工場廃水，その他の特殊な排水を流入させてはならない．
(2) 浄化槽工事は，浄化槽工事の技術上の基準に従って行わなければならない．
(3) 管工事業の許可を受けている建設業者が，浄化槽工事業を開始する場合には，都道府県知事に届け出なければならない．
(4) 浄化槽工事業者は，浄化槽工事を行うときは，浄化槽設備士又は管工事施工管理技士に実地に監督させなければならない．

解説 法第29条第3項に，「浄化槽工事業者は，浄化槽工事を行うときは，これを浄化槽設備士に実地に監督させ，又はその資格を有する浄化槽工事業者が自ら実地に監督しなければならない．」と定められている．配管工事を行うときには，管工事施工管理技士が行う．　解答 ▶ (4)

マスターPoint (1) 規則第1条の第4項，(2) 法第6条，(3) 法第33条第3項に定められている．

問題5　浄化槽法

次の記述のうち，浄化槽法にてらして，**誤っているもの**はどれか．

(1)　浄化槽工事業者は，5年ごとに更新の登録を受けなければならない．

(2)　浄化槽工事業者は，浄化槽工事ごとに帳簿を作成し，5年間保存しなければならない．

(3)　浄化槽工事業者は，浄化槽工事業に係る登録事項に変更があったとき，変更の日から30日以内に，その旨を都道府県知事に届けなければならない．

(4)　浄化槽工事業者は，浄化槽設備士を設置すべき営業所が生じたとき，30日以内に，その旨を都道府県知事に届けなければならない．

解説 法第29条第2項に，「浄化槽工事業者は，前項の規定に抵触する営業所が生じたときは，<u>2週間以内</u>に同項の規定に適合させるため必要な措置をとらなければならない．」と定められている．

解答▶(4)

マスターPoint (1) 法第21条の第2項，(2) 法第40条第1項，規則第14条第3項2，(3) 法第25条第1項に定められている．

問題6　浄化槽法

次の記述のうち「浄化槽法」上，**誤っているもの**はどれか．

(1)　原則として，便所と連結してし尿を処理する単独処理浄化槽の新設は認められない．

(2)　浄化槽設備士は，その職務を行うときは，浄化槽設備士証を携帯しなければならない．

(3)　浄化槽工事業者は，浄化槽工事を行うときは，これを浄化槽工事業者または管工事施工管理技士に実地に監督させなければならない．

(4)　浄化槽工事は，浄化槽工事の技術上の基準に従って行わなければならない．

解説 浄化槽法第29条第3項の浄化槽設備士の設置に「浄化槽工事業者は，浄化槽工事を行うときは，これを<u>浄化槽設備士</u>に実地に監督させなければならない」とある．

解答▶(3)

マスターPoint 法第31条に「営業所ごとに帳簿を備え，その業務に関し国土交通省令で定める事項を記載し，これを保存しなければならない」とある．

4・2 建設業法

1 建設業の許可 （建設業法（以下「法」という）第3条）

1. 国土交通大臣の許可と都道府県知事の許可

表4・1　国土交通大臣の許可と都道府県知事の許可

許可の範囲	内　　容
都道府県知事	一つの都道府県の区域内にのみ営業所を設けて営業をする場合
国土交通大臣	二つ以上の都道府県に営業所を設けて営業をする場合
許可を必要としない政令で定める軽微な建築工事	a）工事1件の請負代金の額が，建築一式工事にあっては，1,500万円に満たない工事，または，延面積が150 m² に満たない木造住宅工事
	b）建築一式工事以外にあっては500万円に満たない工事

2. 特定建設業と一般建設業の許可

建設業の許可に関しては，都道府県知事と国土交通大臣による許可と，特定建設業と一般建設業の許可に分かれている．

表4・2　特定建設業と一般建設業の許可

許可の種類	内　　容
特定建設業の許可	元請業者となったときに4,000万円（建築一式工事にあっては，6,000万円）以上の工事を下請業者に施工させる建設業者が受ける許可
一般建設業の許可	上記以外の場合

3. 許可の有効期間

建設業の許可は，5年ごとに更新を受けなければならない．

4. 建設工事の請負契約　一括下請業の禁止 （法第22条）

a）請負った建設工事を，如何なる方法をもってするを問わず，一括して他人に請負わせてはならない．

b）建設業者から当該建設業者の請負った建設工事を一括して請負ってはならない．

c）a）とb）の規定は，元請負人があらかじめ発注者の書面による承諾を得た場合には，適用しない．

5. 施工技術の確保 （法第25条の27）

a）建設業者は，施行技術の確保に努めなければならない．

b）国土交通大臣は，建設業者が施行技術の確保に資するため，必要に応じ，

講習の実施，資料の提供その他の措置を講ずるものとする．

6. 主任技術者及び監理技術者の設置等（法第 26 条第 1 項，第 2 項，第 3 項）

a) 一般建設業者は，元請又は下請を問わず，その請負った建設工事を施工するときは，**主任技術者**を置かなければならない．

b) 特定建設業者で，下請負人を使用しないもの，発注者から直接請負った工事のうち **4,000 万円未満**（建築一式工事にあっては 6,000 万円未満）の工事を下請施工させるもの，又は他の建設業者の下請負人として工事を施工する者は，**主任技術者**を置かなければならない．

c) 発注者から直接請負った特定建設業者は，**4,000 万円以上**（建築一式工事にあっては 6,000 万円以上）の工事を下請施工させる場合には，**監理技術者**を置かなければならない．

d) 公共性のある工事で政令で定めるものについては，**主任技術者又は監理技術者**は，工事現場ごとに**専任**のものでなければならない．「専任」は，他の工事現場の主任技術者又は監理技術者との兼任を認めないことである．

e) 法第 26 条第 3 項の政令で定める重要な建設工事は，次の各号のいずれかに該当する建設工事で工事一件の請負代金の額が **3,500 万円**（建築一式工事にあっては，7,000 万円以上）のものとする．

7. 元請負人の義務

●下請負人の意見の聴取（法第 24 条の 2）

元請負人は，工事施工に必要な工程の細目，作業方法などを定めるときは，あらかじめした下請負人の意見を聞かなければならない．

●下請代金の支払（法第 24 条の 3）

a) 元請負人は，出来形部分又は完成後の支払を受けたときは，下請負人にその支払を受けた日から 1 か月以内で，できるだけ早い時期に支払わなければならない．

b) 元請負人は，前払金の支払を受けたときは，下請負人に対して，資材の購入，労働者の募集その他建設工事の着手に必要な費用を前払金として支払う配慮をしなければならない．

●検査及び引渡し（法第 24 条の 4）

元請負人は，下請負人からその請け負った建設工事が完成した旨の通知を受けたときは，当該通知を受けた日から 20 日以内で，かつ，できる限り短い期間内に，その完成を確認するための検査を完了しなければならない．

問題❶ 建設業法

建設業法に関する次の記述のうち，**誤っているもの**はどれか．

(1) 管工事業の許可を受けている建設業者は，管工事に附帯する電気工事を請け負うことができる．

(2) 営業所に置く専任技術者は，近隣工事であっても，専任を要する現場の主任技術者になることができない．

(3) 請負金額が500万円以上の浄化槽工事は，建設業の許可が必要な工事である．

(4) 下請負人として軽微な管工事を施工する建設業者は，主任技術者を置かなくてもよい．

解説 法第26条第1項に，「建設業者は，その請け負った建設工事を施工するときは，主任技術者を置かなければならない．」と定められている．なお，軽微な管工事を施工する建設業者（一件の工事の請負金額が500万円に満たない工事で，建設業許可がなくても工事を請け負うことができる．）でも主任技術者を置かなければならない． **解答▶(4)**

 マスターPoint (1) 法第4条，(2) 政令第27条第2項，(3) 政令第1条の2第1項に定められている．

問題❷ 建築業法

次の文章中の ▭ 内に当てはまる語句及び数値の組み合わせとして，建設業法にてらして正しいものはどれか．

建設業を営もうとする者で，その者が発注者から直接請け負う一件の建築一式工事のうち，下請代金の額が6000万円以上となる下請契約をして施工しようとする者は，　A　建設業の許可を受けなければならない．なお，上記の建築一式工事の発注者が地方公共団体の場合，当該工事のうち，　B　万円以上の管工事の下請契約をする許可業者は，専任の主任技術者を置かなければならない．

	A	B			A	B
(1)	一般	2500		(2)	特定	2500
(3)	一般	3500		(4)	特定	3500

解説 法第26条第2項・政令第27条第1項に定められている． **解答▶(4)**

問題3 　建設業法

　次の記述のうち，建設業法にてらして，**誤っているもの**はどれか．
(1)　一般建設業と特定建設業の許可区分は，発注者より直接請け負う建設工事の額により定められている．
(2)　建設業の許可が都道府県知事による建設業者であっても，許可を受けた都道府県以外の地域でも営業活動をすることができる．
(3)　主任技術者や監理技術者は，現場代理人を兼ねることができる．
(4)　建設業の許可業種のうち，管工事業は政令で定められた指定建設業となっている．

解説 法第二節一般建設業の許可第5条～14条，法第三節特定建設業の許可第15条～17条に定められている．発注者より直接請け負う建設工事の額だけで定められているものではない．

解答▶(1)

 指定建設業は，法第15条第二号，政令第5条の2に，次の7つの工事業に定められている．① 土木工事業 ② 建築工事業 ③ 電気工事業 ④ 管工事業 ⑤ 鋼構造物工事業 ⑥ 舗装工事業 ⑦ 造園工事業

問題4 　建設業法

　主任技術者および管理技術者の職務等に関する文中，「建設業法」上 ☐ 内に当てはまる用語の組合せとして，**正しいもの**はどれか．
　主任技術者及び監理技術者は，工事現場における建設工事を適正に実施するため，当該建設工事の ☐ A ☐ の作成，工程管理，☐ B ☐ その他の技術上の管理及び当該建設工事の施工に従事する者の技術上の指導監督の職務を誠実に行わなければならない．

	A	B		A	B
(1)	実行予算書	品質管理	(2)	実行予算書	労務管理
(3)	施工計画	品質管理	(4)	施工計画	労務管理

解説 「主任技術者及び監理技術者は，…（省略）…当該建設工事の施工計画の作成，工程管理，品質管理，その他の技術上の管理…（省略）…を誠実に行わなければならない」（建設業法第26条の3）．

解答▶(3)

4・3

建築基準法

1 用語の定義 (建築基準法（以下「法」という）第2条)

1. 建築物 (法第2条第一号)

　土地に定着する工作物のうち，屋根，柱，壁のあるもので，これらに付属する門又は，塀，観覧用工作物，地下又は高架工作物内の事務所，店舗，倉庫等これらに付属する建築設備が含まれる.

2. 建築設備 (法第2条第三号)

　電気，ガス，給水，排水，換気，冷房，暖房，消火，排煙，汚物処理設備，煙突，昇降機，避雷針で建築内の生活効果を高める設備.

3. 主要構造部 (法第2条第五号)

　壁，柱，床，梁，屋根，階段のこと.

4. 大規模の修繕 (法第2条第十四号)

　壁，柱，床，梁，屋根，階段の主要構造部の一種以上について行う過半の修繕のこと.

5. 大規模の模様替 (法第2条第十五号)

　壁，柱，床，梁，屋根，階段の主要構造部の一種以上について行う過半の模様替のこと.

6. 建築面積 (建築基準法施行令（以下「令」という）第2条第二号)

　建築物の外壁又は柱の中心線で囲まれた部分の最大水平投影面積のこと.

7. 建築延べ面積 (令第2条第四号)

　建築の各階の床面積の合計のこと（地下階の面積も含む）.

2 排水管・排水槽設備 (昭和50年建設省告示第1597号)

1. 排　水　管

① 掃除口を設ける等保守点検を容易に行うことができる構造とすること.

② 雨水排水立て管は，汚水排水立て管や通気管と兼用し，又はこれらの管に連結しないこと.

2. 排　水　槽

排水槽は，排水を一時的に滞留させる槽のこと.

① 通気以外の部分から臭気が漏れない構造とする.

② 排水槽内の保守点検を，容易でかつ安全に行うことができる位置に**マンホール（直径60 cm以上）**を設ける．ただし，外部から内部の保守点検を，容易でかつ安全に行うことができる小規模な排水槽は，この限りでない．

③ 排水槽の底には，吸込みピットを設け保守点検がしやすい構造とする．

④ 排水槽の底には，吸込みピットに向かって**1/15以上1/10以下**の勾配をとり，槽内の保守点検を，容易でかつ安全に行うことができる構造とする．

⑤ 通気装置を設け，通気は直接外気に開放する．

3. 排水トラップ

排水管内の臭気，衛生害虫等の移動を有効に防止するための配管設備のこと．

① 雨水排水管（雨水立て管を除く）を，汚水排水の配管設備に連結する場合は，雨水排水管に排水トラップを設ける．

② 二重トラップとならないように設ける．

③ 汚水に含まれる汚物等が付着し，又は沈殿しない措置を講ずる．ただし，阻集器を兼ねる排水トラップは，この限りでない．

④ 排水トラップの深さは，（排水管内の臭気，衛生害虫等の移動を有効に防止するための有効な深さのこと）は，**5 cm以上10 cm以下**（阻集器を兼ねる排水トラップは5 cm以上）とする．

4. 排水再利用配管設備

公共下水道，都市下水路その他の排水施設に排水する前に，排水を再利用する配管設備．

① 他の配管設備と兼用してはならない．

② 排水再利用水を示す表示を見やすい方法で，水栓及び配管又は他の配管設備と容易に判別できる色にする．

③ 洗面器，手洗器その他誤飲，誤用のおそれのある衛生器具に連結しない．

④ 塩素消毒その他これに類する措置を行う．

5. 排水のための配管設備

建築物に設ける排水のための配管設備の設置及び構造は，「給水，排水その他の配管設備」の規定によるほか，次に定めるところによらなければならない．

① 汚水に接する部分は，**不浸透質（ふしんとうしつ）の耐水材料**でつくる．

② 排水管は，食器洗い器その他これらに類する機器の排水管に**直接連結しない**．

③ 雨水排水立て管は，汚水排水管若しくは通気管に**連結しない**．

3 し尿浄化槽及び合併浄化槽の構造方法（建設省告示第1292号）

1. 一般構造

① 槽の底，周壁及び隔壁は，耐水材料で造り，漏水しない構造とする．

② 槽は，土圧，水圧，自重及びその他の荷重に対して安全な構造とする．

③ 腐食，変形等のおそれのある部分には，腐食，変形等のし難い材料又は有効な防腐，補強等の措置をした材料を使用する．

④ 槽の天井がふたを兼ねる場合を除き，天井にはマンホール（径45 cm（処理対象人員が51人以上の場合においては，60 cm）以上の円が内接するものに限る．）を設け，かつ，密閉することができる耐水材料又は鋳鉄で造られたふたを設ける．

⑤ 通気及び排気のための開口部は，雨水，土砂等の流入を防止することができる構造とするほか，昆虫類が発生するおそれのある部分に設けるものには，防虫網を設けること．

⑥ 悪臭を生ずるおそれのある部分は，密閉するか，又は臭突その他の防臭装置を設ける．

⑦ 機器類は，長時間の連続運転に対して故障が生じ難い堅牢な構造とするほか，振動及び騒音を防止することができる構造とする．

⑧ 流入水量，負荷量等の著しい変動に対して機能上支障がない構造とする．

⑨ 合併処理浄化槽に接続する配管は，閉塞，逆流及び漏水を生じない構造とする．

⑩ 槽の点検，保守，汚泥の管理及び清掃を容易かつ安全にすることができる構造とし，必要に応じて換気のための措置を講ずる．

⑪ 汚水の温度低下により処理機能に支障が生じない構造とする．

⑫ 調整及び計量が，適切に行われる構造とする．

⑬ ①から⑫までに定める構造とするほか，合併処理浄化槽として衛生上支障がない構造とする．

4 処理対象人員 (JIS A 3302-2000)

し尿浄化槽の算定処理対象人員はJIS A 3302-2000に規定されている．なお，処理対象人員算定表は参考資料集として末尾に記している．

下記によく出題されているし尿浄化槽の処理対象人員算定式を抜粋して，表4・3に示しておく．

表 4・3　処理対象人員算定式抜粋（JIS A 3302-2000）

建築用途		処理対象人員	
		算定式	算定単位
住　宅	A ≦ 130 の場合	$n = 5$	n：人員〔人〕 A：延べ面積〔m²〕
	130 < A の場合	$n = 7$	
共同住宅		$n = 0.05\,A$	n：人員〔人〕 ただし，1 戸当りの n が 3.5 人以下の場合は，1 戸当りの n を 3.5 人または 2 人（1 戸が 1 居室だけで構成されている場合に限る。）とし，1 戸当りの n が 6 人以上の場合は，1 戸当りの n を 6 人とする。 A：延べ面積〔m²〕
事務所	業務用厨房設備を設ける場合	$n = 0.075\,A$	n：人員〔人〕 A：延べ面積〔m²〕
	業務用厨房設備を設けない場合	$n = 0.06\,A$	

① 住宅の処理対象人員は，延べ面積が 130 m² 以下の場合，原則として 5 人である．

② 住宅の処理対象人員は，延べ面積が 130 m² を超える場合，原則として 7 人である．

③ 延べ面積が 200 m² の二世帯住宅を 1 つのし尿浄化槽で処理する場合の処理対象人員は，原則として 10 人（0.05 × 200 m²）である．

④ 延べ面積が 1 000 m² で，**業務用厨房を設けない事務所**の処理対象人員は，原則として 60 人（0.06 × 1 000 m²）である．

⑤ 保育所，幼稚園，小・中学校は，**定員に定数を乗じて算出する**．

⑥ 診療所，医院，劇場，映画館は，延べ面積に定数を乗じて算出する．

⑦ ガソリンスタンドの処理対象人員は，1 営業所当たり原則として 20 人である．

⑧ サービスエリアにおける便所の処理対象人員は，駐車ます数をもとに算定する．

⑨ 駐車場の処理対象人員は，大便器数，小便器数及び単位便器当たり 1 日平均使用時間をもとに算定する．

⑩ 集会場内に飲食店が設けられている場合の処理対象人員は，それらの建築用途部分の人員を算出し合計する．

⑪ **同一建物 2 以上異なる用途がある場合**，処理対象人員は，**それぞれの用途**ごとに算定し加算する．

問題 **1** 建築基準法

建築基準法に基づき定められた排水のため配管設備の構造に関する次の記述のうち，**誤っているもの**はどれか.

(1) 排水槽に設けるマンホールは，槽の規模にかかわらず直径 45 cm 以上としなければならない.

(2) 排水槽の底の勾配は，吸込みピットに向かって 1/15 以上 1/10 以下とする.

(3) 排水再利用配管設備は，洗面器，手洗器に連結してはならない.

(4) 阻集器を兼ねる排水トラップ以外の排水トラップの封水深は，5 cm 以上 10 cm 以下とする.

解説 建設省告示第 1597 号第 2 条第二号にマンホールは，直径 60 cm 以上の円が内接することができるものに限ると定められている. **解答▶(1)**

マスターPoint 排水再利用配管設備とは，洗面，台所の排水を浄化して，便所洗浄等に再利用することをいう.

問題 **2** 建築基準法

建築物に設ける排水のための配管設備の構造に関する「建築基準法」の記述のうち，**誤っているもの**はどれか.

(1) 雨水排水立て管に汚水管を連結する場合には，排水トラップを設けなければならない.

(2) 排水槽（小規模なものを除く）には，直径 60 cm 以上の円が内接することができるマンホールを設けること.

(3) 排水槽の底の勾配は，吸込みピットに向かって 1/15 以上 1/10 以下とすること.

(4) 排水トラップは，排水管内の臭気，衛生害虫などの移動を有効に防止することができる構造としなければならない.

解説 建設省告示第 1597 号第 2 条第三号に「雨水排水管（雨水排水立て管を除く）を汚水排水管に連結する場合には，当該雨水排水管に排水トラップを設けること」と定められている.

解答▶(1)

問題3　建築基準法

浄化槽等に関する次の記述のうち，建築基準法にてらして，**誤っているもの**はどれか．

(1) 下水道法に規定する処理区域内において便所は，水洗便所以外の便所としてはならない．

(2) 放流水に含まれる大腸菌群数が $1\,cm^3$ につき 3 000 個以下とする性能を有するものであること．

(3) 合併処理浄化槽の構造は，汚物処理性能に関する技術的基準に適合するもので，国土交通大臣の認定を受けたものでなければならない．

(4) 改良便槽，し尿浄化槽及び合併処理浄化槽は，満水状態にして 24 時間以上漏水しないことを確かめなければならない．

解説 建築基準法施行令第 35 条（以下政令とする）に「政令で定める技術的基準に適合するもので，<u>国土交通大臣が定めた構造方法を用いるもの又は国土交通大臣の認定を受けたもの</u>」と定められている．

解答▶ (3)

マスターPoint (1) 建築基準法第 31 条第 1 項に定められている．(2) 政令第 32 条第 1 項二に定められている．(4) 政令第 33 条に定められている．

問題4　建築基準法

浄化槽の一般構造に関する次の記述のうち，建築基準法にてらして**誤っているもの**はどれか．

(1) 屎尿浄化槽に接続する配管は，閉塞，逆流及び漏水を生じない構造とすること．

(2) 機器類は，長時間の連続運転に対して故障が生じ難い堅牢な構造とするほか，振動及び騒音を防止することができる構造とすること．

(3) 槽の保温のため，外気を取り込まない構造とすること．

(4) 屎尿浄化槽として衛生上支障がない構造とすること．

解説 建設省告示第 1292 号屎尿浄化槽及び合併浄化槽の構造方法を定める件に定められている．(3) は，<u>換気のため措置を講ずる</u>とある．

解答▶ (3)

問題⑤ 処理対象人員

JIS A 3302: 2000 に規定する処理対象人員の算定方法に関する次の記述のうち，**誤っているもの**はどれか．

(1) 延べ面積が 170 m² の住宅（共同住宅を除く）の処理対象人員は，原則として 7 人である．

(2) 延べ面積が 200 m² の二世帯住宅を 1 つのし尿浄化槽で処理する場合の処理対象人員は，原則として 10 人である．

(3) 延べ面積が 120 m² と 130 m² の住宅（共同住宅を除く）2 戸を 1 つのし尿浄化槽で処理する場合の処理対象人員は，原則として 10 人である．

(4) 延べ面積が 1 000 m² で，業務用厨房を設けない事務所の処理対象人員は，原則として 100 人である．

解説 延べ面積が 1 000 m² で，業務用厨房を設けない事務所の処理対象人員は，原則として 60 人（0.06 × 1 000 m²）である．

解答 ▶ (4)

問題⑥ 建築基準法

JIS A 3302: 2000 に規定する処理対象人員の算定方法に関する次の記述のうち，**誤っているもの**はどれか．

(1) サービスエリアにおける便所の処理対象人員は，駐車ます数をもとに算定する．

(2) サービスエリアにおける売店の処理対象人員は，駐車ます数をもとに算定する．

(3) 駐車場の処理対象人員は，大便器数，小便器数及び単位便器当たり 1 日平均使用時間をもとに算定する．

(4) ガソリンスタンドの処理対象人員は，延べ面積をもとに算定する．

解説 (4) ガソリンスタンドの処理対象人員は，延べ面積をもとに算定するではなく，1 営業所当たり原則として 20 人と定められている．

解答 ▶ (4)

マスターPoint 参考資料集（p. 251）の 5. 処理対象人員算定表を参照のこと．

4·4

労働安全衛生法

1 事業場単位の安全衛生管理体制

1. 総括安全衛生管理者の選任（労働安全衛生法（以下「法」という）第10条）

労働者が100人以上となる事業場ごとに，総括安全衛生管理者を選任し，安全管理者，衛生管理者の指揮をさせる．

2. 安全管理者（法第11条）

労働者数が常時50人以上となる場合には，安全管理者を選任し，安全にかかわる技術的事項を管理させる．

3. 衛生管理者（法第12条）

労働者数が常時50人以上となる事業場（全業種）については，衛生管理者を選任し，衛生に係る技術的事項を管理させる．

4. 産業医（法第13条）

労働者数が常時50人以上となる事業場については，医師のうちから産業医を選任し労働者の健康管理を行わせる．

5. 作業主任者（法第14条）

労働災害を防止する管理を必要とする作業には，免許を受けた者又は，技能講習を修了した者のうちから，作業主任者を選任し作業の指揮などを行わせる．

表4·4 作業主任者を選任すべき作業（抜粋）

作業名称	作業区分	資格
地山の掘削	掘削面の高さが2m以上となる地山の掘削作業	技能講習
土止め支保工	土止め支保工の切ばりまたは腹おこしの取付けまたは取外しの作業	
型枠支保工の組立て	型枠支保工の組立てまたは解体の作業	
足場の組立て	つり足場（ゴンドラのつり足場を除く），張出し足場または高さが5m以上の構造の足場の組立て，解体または変更の作業	
ガス溶接	アセチレン溶接装置またはガス集合溶接装置を用いて行う金属の溶接，溶断または加熱の作業	免許
ボイラーの取扱い	ボイラー（小型ボイラーを除く）の取扱いの作業	免許または技能講習

2 労働安全衛生規則（以下「規則」という）

1. 作業床（規則第518条，第519条）

高さが2m以上の箇所で行う場合で墜落の危険がある場合は，作業床を設ける．また，作業床の端，開口部など墜落の危険がある箇所には，囲い，手すり，覆い等を設ける．

2. 照度の保持（規則第523条）

高さが2m以上の箇所で作業を行うときは，安全のために必要な照度を保持する．

3. 昇降設備（規則第526条）

高さ又は深さが1.5mを超える箇所で作業を行うときは，作業に従事する労働者が安全に昇降できる設備を設ける．

4. 移動はしご（規則第527条）

移動はしごについては，次に適合したものでなければ使用しない．

① 丈夫な構造にする．

② 幅は，30cm以上とする．

5. 脚立（規則第528条）

脚立については，次に適合したものでなければ使用しない．

① 丈夫な構造にする．

② 脚と水平面との角度は，75°以下とし，折りたたみ式のものでは，角度を確実に保つための金具を備えたもの．

③ 材料は著しい損傷，腐食がないもの．

6. 高所からの物体投下（規則第536条）

3m以上の高所から物体を投下するときは，適当な投下設備を設け，監視人を置くなど，労働者の危険防止の措置を講じる．

7. 架設通路（規則第552条）

架設通路は，次に適合したものでなければ使用しない．

① 丈夫な構造とする．

② 勾配は，30°以下とする．ただし階段を設けたもの又は高さが2m未満で丈夫な手掛けを設けたものはこの限りでない．

③ 勾配が15°を越えるものには，踏さんその他の滑止めを設ける．

④ 墜落の危険のある箇所には，高さ85cm以上の丈夫な手すりを設ける．

⑤ 高さ8m以上の登さん橋には，7m以内ごとに踊場を設ける．

問題1　労働安全衛生法

作業現場における安全管理に関する次の記述のうち，労働安全衛生法にてらして，**誤っているもの**はどれか.

(1) 足場における高さ2m以上の作業場所には，幅30cm以上の作業床を設けなければならない.

(2) 高さが2m以上の作業床には，高さ85cm以上の丈夫な手すりおよび中さんを設けなければならない.

(3) 高さが2m以上の作業床の端，開口部などで墜落の危険のある場所には，囲い，手すり，覆いなどを設けなくてはならない.

(4) 作業を行う場所の空気中の酸素濃度を，18%以上に保つように換気を行わなければならない.

解説 （規則第563条）足場作業を高さ2m以上の箇所で行う場合には，つり足場の場合を除き，作業床について幅は40cm以上とし，床材間の隙間は，3cm以下とする.　　**解答▶(1)**

　●つり足場上での作業禁止（規則第575条）●
つり足場の上で，脚立，はしご等を用いて労働者に作業をさせてはならない.

問題2　労働安全衛生法

作業主任を選任すべき作業として，**誤っているもの**は次のうちどれか.

(1) 高さ4m以上の足場の組立作業

(2) 深さ2m以上の地山掘削作業

(3) 汚水を入れたことがある浄化槽内部の改修作業

(4) 土止め支保工の切ばりまたは腹起こしの取付けまたは取外しの作業

解説 作業主任を選任すべき作業として，つり足場（ゴンドラのつり足場を除く），張出し足場または，高さが5m以上の足場の組立て，解体または変更の作業がある.　　**解答▶(1)**

　つり足場は，鉄骨梁などからチェーン，ワイヤロープなどを吊るし，それに水平材（布）を架け渡して，さらに足場板を並べて作業床とする足場のことです.

問題3 労働安全衛生法

掘削等に関する記述のうち,「労働安全衛生法」上,**誤っているもの**はどれか.

(1) 掘削面の高さが2m以上となる地山の掘削を行うときは,地山の掘削作業主任者を選任しなければならない.

(2) 掘削機械等の使用によるガス導管,その他地下に存する工作物の損壊により,労働者に危険を及ぼすおそれのあるときは,これらの機械を使用してはならない.

(3) 地山の掘削作業主任者は,器具および工具を点検し,不良品を取り除くことをしなければならない.

(4) 手掘りにより堅い粘土の地山を掘削する場合は,掘削面高さ5m未満では75°以下の掘削面勾配で行わなければならない.

解説 手掘りにより堅い粘土の地山を掘削する場合は,掘削面高さ5m未満では90°以下の掘削面勾配で行わなければならない.

解答▶(4)

問題4 労働安全衛生法

作業現場における安全管理に関する次の記述のうち,「労働安全衛生法」上の数値として,**誤っているもの**はどれか.

(1) 高さが2m以上の箇所で作業を行う場合,安全帯を使用するときは,安全帯を安全に取り付ける設備を設ける.

(2) 折りたたみ脚立は,脚と水平面の角度を60°以下とし,脚と水平面の角度を保つための金具を備える.

(3) 手掘りにより,砂からなる地山を掘削するときは,掘削面の勾配を35°以下にする.

(4) 高さが2m以上の箇所で作業を行うときは,作業を安全に行うため必要な照度を保持する.

解説 折りたたみ脚立は,脚と水平面の角度を75°以下とし,脚と水平面の角度を保つための金具を備える.

解答▶(2)

4・5 下水道法

1 用語の定義

下水道法（以下「法」という）第2条で次のように定義されている.

1. 下　　水

生活や事業による廃水又は雨水をいう.

2. 下　水　道

下水を排除するための排水管，排水渠等の排水施設と，これに接続する処理施設（し尿浄化槽は除く）及びそれらを補完するポンプ施設の総体をいう.

3. 公共下水道

主として市街地における下水を排除し，又は処理するために地方公共団体が管理する下水道で，終末処理場をもつもの，又は流域下水道に接続するものであって，汚水を排除すべき排水施設の相当部分が暗渠であるもの.

4. 流域下水道

専ら地方公共団体が管理する下水道により排除される下水を受けて，これを排除したり処理するために地方公共団体が管理する下水道で，2以上の市町村の区域における下水を排除するもので，終末処理場を有するもの.

5. 都市下水路

主として市街地における下水を排除するために，地方公共団体が管理している下水道で，その規模が政令（施行令第1条）に定める規模以上のものであり，その地方公共団体が指定したもの.

2 排水設備 （法第10条第1項）

公共下水道の使用が開始された場合においては，その公共下水道の排水区域内の土地の所有者，使用者又は占有者は，遅滞なく次の区分に従ってその土地の下水を公共下水道に流入させるために必要な排水管，排水渠その他の排水設備を設置しなければならない.

① 建築物の敷地である土地では，その建築物の所有者.

② 建築物の敷地でない土地（次の③の土地を除く）では，その土地の所有者.

③ 道路その他公共施設の敷地である土地では，その公共施設を管理すべき者.

3 排水設備の設置

1. 排水設備の設置及び構造の技術上の基準（下水道法施行令第8条）

① 排水設備は，公共下水道管理者である地方公共団体の条例で定めるところにより，公共下水道のますその他の排水施設又は，他の排水設備に接続させること．

② 排水設備は，陶器，コンクリート，レンガその他の耐水性の材料で造り，かつ漏水を最小限度のものとする措置が講ぜられていること．ただし，雨水を排除すべきものについては，**多孔管**その他雨水を地下に**浸透させる機能**を有するものとすることができる．

③ 分流式の公共下水道に下水を流入させるために設ける排水設備は，**汚水と雨水を分離して排除する構造**とすること．

④ 管渠の勾配は，やむを得ない場合を除き，**1/100 以上**とすること．

⑤ 汚水（冷却の用に供した水その他の汚水で雨水と同程度以上に**清浄であるものを除く**）を排除すべき排水渠は，**暗渠**とする．ただし，製造業又は，ガス供給業の用に供する建築物においては，この限りでない．

⑥ 暗渠である構造の部分の次に掲げる箇所には，**ます**又は，マンホールを設ける．

イ．もっぱら雨水を排除すべき管渠の始まる箇所

ロ．下水の流路の方向又は，勾配が著しく変化する箇所．ただし，管渠の清掃に支障がないときは，この限りでない．

ハ．管渠の長さがその内径又は，内のり幅の **120 倍**を越えない範囲内において管渠の清掃上適当な箇所．

⑦ ますの底には，もっぱら雨水を排除すべきますにあっては，深さが **15 cm 以上**の泥だめを，その他のますにあっては，その接続する管渠の内径又は内のり幅に応じ相当の幅の**インバート**を設けること．

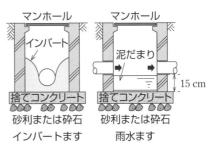

図 4・1　雨水ますとインバートます

問題❶ 下水道法

次の記述のうち，下水道法にてらして**誤っているもの**はどれか．

(1) 処理区域内において，くみ取便所が設けられている建築物を所有する者は，下水道の供用開始後1年以内に，その便所を水洗便所に改造しなければならない．

(2) 下水道を使用する者は，下水道施設の機能を妨げまた，下水道施設を損傷するおそれのある下水を継続して排除する場合，条例で定めるところにより除害施設を設け，条例で定めるところにより除害施設を設け，または必要な措置を取らなければならない．

(3) 終末処理場は，下水を最終的に処理して河川その他の公共の水域または海域に放流するために設けられた処理施設およびこれを補完する施設をいう．

(4) 分流式の下水道に下水を流入させるために設ける排水設備は，汚水と雨水を分離して排除する構造とする．

解説 処理区域内において，くみ取便所が設けられている建築物を所有する者に対し，処理開始の日から<u>3年以内</u>にくみ取便所を水洗便所に改造しなければならない． **解答▶(1)**

●建築基準法施行令第29条「くみ取便所の構造」●

くみ取便所の構造は，次に掲げる基準に適合するものとして，国土交通大臣が定めた構造方法を用いるもの又は国土交通大臣の認定を受けたものとしなければならない．

① し尿に接する部分から漏水しないものであること．

② し尿の臭気（便器その他構造上やむを得ないものから漏れるものを除く）が，建築物の他の部分（便所の床下を除く）又は屋外に漏れないものであること．

③ 便槽に，雨水，土砂等が流入しないものであること．

問題2 下水道法

次の文章中の _____ 内に当てはまる語句として，下水道法にてらして，**正しいもの**はどれか．

建築物の敷地である土地において，その土地の下水を公共下水道に流入させるための排水設備の設置は，建築物の所有者が行うが，排水設備の清掃その他の維持は _____ が行う．

(1) 土地の占有者
(2) 土地の所有者
(3) 建築物の使用者
(4) 下水道管理者

解説 下水道法第10条第2項土地の占有者と定められている．　　　　解答▶(1)

問題3 下水道法

次の記述のうち，下水道法にてらして，**誤っているもの**はどれか．

(1) 公共下水道管理者は，公共下水道を良好な状態に保つように維持し，修繕し，もって公衆衛生上重大な危害が生じないように努めなければならない．

(2) 排水設備の改築又は修繕は，公共下水道管理者が行うものとする．

(3) 下水道施設の機能を妨げ，又は損傷するおそれのある下水を継続して排除して公共下水道を使用する者は，条例に従い，除害施設を設け，又は必要な措置をしなければならない．

(4) 下水道の処理区域内においてくみ取便所が設けられている建築物を所有する者は，下水道の供用開始後3年以内に，その便所を水洗便所に改造しなければならない．

解説 下水道法第3条第1項に「公共下水道の設置，改築，修繕，維持その他の管理は，市町村が行うものとする．」と定められている．　　　　解答▶(2)

マスターPoint (1) 下水道法（以下法とする）第7条の二に定められている．(3) 法第12条第1項に定められている．(4) 法第11条の三第1項に定められている．

4・6 水質汚濁防止法

1 特定施設（水質汚濁防止法（以下「法」という）第2条第2項）

この法律において「特定施設」とは，汚水又は廃液を排出する施設で政令で定めるものをいう．

2 特定施設の設置の届出（法第5条第1項）

工場又は事業場から公共用水域に水を排出する者は，特定施設を設置しようとするときは，環境省令で定めるところにより，次の事項を都道府県知事に届け出なければならない．

① 氏名又は名称及び住所並びに法人にあっては，代表者の氏名
② 工場又は事業場の名称及び所在地
③ 特定施設の種類
④ 特定施設の構造
⑤ 特定施設の使用の方法
⑥ 汚水等の処理の方法
⑦ 排出水の汚染状態及び量
⑧ その他環境省令で定める事項

3 実施の制限（法第9条第1項，第2項）

● 「特定施設の設置の届出」をした者は，その届出が受理された日から60日を経過した後でなければ，それぞれ，その届出に係る特定施設の設置，構造，設備若しくは使用の方法，汚水等の処理の方法の変更をしてはならない．
● 都道府県知事は，届出に係る事項の内容が相当であると認めるときは，前項に規定する期間を短縮することができる．

4 し尿処理施設（水質汚濁防止法施行令第1条，令別表第1第72号）

● 処理対象人員が500人を超えるし尿処理施設は，特定施設となる．

問題 1 水質汚濁防止法

次の記述のうち，水質汚濁防止法にてらして，**正しいもの**はどれか．

(1) 処理対象人員が 101 人以上の浄化槽は，特定施設である．

(2) 汚濁負荷量の総量削減基本方針で定められている指定項目は，生物化学的酸素要求量，浮遊物資量およびノルマルヘキサン抽出物質含有量である．

(3) 都道府県は条例で，環境省令で定める許容限度より厳しい排水基準を定めることができる．

(4) 工場又は事業場から公共用水域に水を排出するものは，特定施設を設置しようとするときは，地方環境事務所長に届け出なければならない．

解説 「汚染状態の許容限度は，環境省令で定められているが，それと同時に都道府県は条例で，環境省令で定める許容限度より厳しい排水基準を定めることができる」（水質汚濁防止法第3条第3項）．　　　　　　　　　　　　　　　　　　　　　　　　**解答▶(3)**

問題 2 水質汚濁防止法

次の記述のうち，水質汚濁防止法にてらして，**誤っているもの**はどれか．

(1) 炊事，洗濯，入浴等，人の生活に伴い公共用水域に排出される水は，生活排水である．

(2) 旅館業の用に供する施設のうち，ちゅう房施設は，特定施設である．

(3) 工場又は事業場から公共用水域に水を排出する者が特定施設を設置しようとするときは，環境大臣に届け出なければならない．

(4) 都道府県は，条例において，環境省令で定める許容限度よりきびしい排水基準を定めることができる．

解説 水質汚濁防止法（第5条第1項に「…… 都道府県知事に届け出なければならない．」と定められている．　　　　　　　　　　　　　　　　　　　　　　　　　　　**解答▶(3)**

マスターPoint (1) 水質汚濁防止法（以下法とする）第2条第9項に定められている．(2) 水質汚濁防止法に規定する特定施設（水質汚濁防止法施行令第1条関係・別表第1）の74 あるうち66 の4 に定められている．(4) 法第3条第3項に定められている．

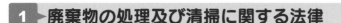

4・7 その他の法規

1 廃棄物の処理及び清掃に関する法律

この法律は，通称「廃棄物処理法」と呼ばれている．
① **廃棄物**：ごみ，粗大ごみ，燃え殻，汚泥，ふん尿，廃油，廃酸，廃アルカリ，動物の死体，その他の汚物又は不要物であって，固形状又は液状のもの．
② **一般廃棄物**：産業廃棄物以外の廃棄物のことで，国民の日常生活の中から排出されるもの．
③ **特別管理一般廃棄物**：一般廃棄物のうち，爆発性，毒性，感染性その他の人の健康又は生活環境に係る被害を生ずるおそれがある性状を有するものとして政令で定めるもの．
④ **産業廃棄物**：事業活動に伴って生じた廃棄物のうち，燃え殻，汚泥，廃油，廃酸，廃アルカリ，廃プラスチック類その他政令で定める廃棄物など．
⑤ **政令で定める廃棄物（抜粋）**：1）紙くず，2）木くず，3）繊維くず，4）ゴムくず，5）金属くず，6）ガラスくず・コンクリートくず・陶磁器くず，7）鉱さい，8）がれき類（工作物の新築，改築又は除去に伴って生じたコンクリートの破片その他これに類する不要物）
※ 1），2），3）は，建設業に係るもので，工作物の新築，改築又は除去に伴って生じたものに限る．

2 建設工事に係る資材の再資源化等に関する法律

この法律は，通称「建設リサイクル法」と呼ばれている．
① **分別解体工事**は，工事に伴い副次的（二次的）に生ずる建設資材廃棄物を，その種類ごとに分別しつつ工事の施工をすること．
② **再資源化**は，分別解体に伴って生じた建設廃棄物を，資材，原材料として用いることができる状態にすること．
③ **特定建設資材**は，コンクリート，木材，その他，建設資材のうち，建設資材廃棄物となった場合におけるその再資源化が，資源の有効な利用及び廃棄物の減量を図る上で特に必要であり，その再資源化が経済性の面において，制約が著しくないと認められるものとして，政令で定めるものをいう．

問題❶ その他の法規

　事業活動に伴って生じた次の廃棄物のうち,「廃棄物の処理及び清掃に関する法律」上,産業廃棄物として**定められていないもの**はどれか.
(1)　浄化槽の清掃に伴って生じた汚泥
(2)　ガラスくずおよび陶磁器くず
(3)　工作物の除去に伴って生じた紙くず
(4)　廃プラスチック類

解説 清掃に伴って生じた汚泥は,一般廃棄物となる.　　　　　解答▶(1)

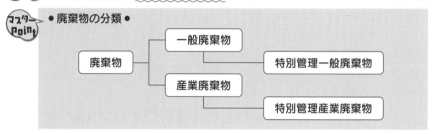

●廃棄物の分類●

問題❷ その他の法規

　次の記述のうち,「廃棄物の処理及び清掃に関する法律」にてらして,**誤っているもの**はどれか.
(1)　産業廃棄物の処分は,産業廃棄物収集運搬業者に委託することができる.
(2)　事業者は,産業廃棄物管理票を産業廃棄物の種類ごと及び運搬先ごとにそれぞれ交付しなければならない.
(3)　建築物の撤去に伴って生じたコンクリートの破片は,産業廃棄物である.
(4)　解体工事に伴って発生した硬質塩化ビニル管は,産業廃棄物である.

解説 廃棄物の処理及び清掃に関する法律(廃棄物処理法)法第12条5項に,「産業廃棄物の運搬又は処分を他人に委託する場合は,その運搬については産業廃棄物収集運搬業者などに,その処分については産業廃棄物処分業者などに,それぞれ委託しなければならない.」と定められている.　　　　　解答▶(1)

問題 3 　その他の法規

次の記述のうち，「建設工事に係る資材の再資源化等に関する法律」にてらして，**誤っているもの**はどれか．

(1)　建築物の新築工事に伴い副次的に生ずる建設資材廃棄物を分別する行為も，分別解体に含まれる．

(2)　建設資材廃棄物を熱を得ることに利用することができる状態にする行為も，再資源化に含まれる．

(3)　プラスチックは，再資源化することが義務付けられる特定建設資材である．

(4)　特定建設資材を用いた建築物の解体工事であって，その規模が一定以上の受注者は，正当な理由がある場合を除き，分別解体等をしなければならない．

解説　建設工事に係る資材の再資源化等に関する法律（リサイクル法）政令第 1 条に「特定建設資材は，<u>コンクリート，コンクリート及び鉄から成る建設資材，木材，アスファルト・コンクリート</u>」と定められている．

解答▶(3)

（1）国土交通省の建設副産物適正処理推進要綱第 3 用語の定義に定められている．

問題 4 　その他の法規

次の記述のうち，「建設工事に係る資材の再資源化等に関する法律」上，**誤っているもの**はどれか．

(1)　土砂は，再資源化することが義務付けられる特定建設資材である．

(2)　特定建設資材を用いた建築物の解体工事または新築工事等であって，その規模が一定以上の受注者は，正当な理由がある場合を除き，分別解体等をしなければならない．

(3)　木材が廃棄物となったものは，再資源化施設が一定距離内にない場合，その他主務省令で定める場合には，再資源化に代えて縮減をすれば足りる．

(4)　建設業法の管工事業の許可のみを受けている者が，解体工事業を営もうとする場合は，区域を管轄する都道府県知事の登録を受けなければならない．

解説　<u>特定建設資材</u>には，コンクリート，コンクリートおよび鉄からなる建設資材，木材，アスファルト，コンクリートがあるが，<u>土砂は対象外</u>である．

解答▶(1)

5章 実地試験 －施工管理法－

　浄化槽設備士の実地試験は，記述式として出題されている．これは設計図書で要求される浄化槽の性能確保をするために，「浄化槽の施工図が作成できる」，「設計図書が理解できる」，「機材の配置や選定ができる」などの応用能力があるか否かを問う試験でもある．

◎実地試験の合格ラインについて
・実地試験の合格点，採点基準，配点については，公表されていません．合格者の解答内容から判断すると，合格ラインは 60 点以上と推定されます．

【出題傾向】
◎よく出るテーマ
1　受験者本人の施工経験記述を書かせる問題が毎年出題されている．
2　工程・品質・安全管理について，とった処置または対策記述を書かせる問題が毎年出題されている．

施工経験記述解答例の取扱いについて

　本書に掲載した記述問題の解答例を，実際の試験において，そのまま丸写しで記述すると，不合格になる場合があります．その際，当方では一切責任をもちません．

5・1 施工経験記述

1 出題傾向とその対策

① 施工経験記述は，毎年必ず出題されており，必要な記述事項もほぼ同じとなっている.

② この問題は，受験者に施工管理についての知識が十分あって，質問事項を記述により的確に表現する能力があるかを判別するためのものである.

③ 過去の試験問題から，小規模浄化槽（処理対象人員50人以下）程度の工事内容が多いので，戸建住宅，小規模店舗，事務所などについて絞ってまとめたほうがよい.

施工経験記述（参考）

あなたが最近たずさわった浄化槽工事について，次の事項を記入しなさい.

(1) 工事名称（例：○○邸新築工事など）

(2) 工事場所（例：○○県○○市など）

(3) 完成時期（平成　年　月）

(4) 浄化槽の構造方法による区分（該当するものを一つ選び○印を付けなさい）

　　ア　国土交通省（旧建設省）告示に示された例示方式

　　イ　日本農業集落排水協会型または地域資源循環技術センター型

　　ウ　上記以外

(5) 建築用途（例：事務所，住宅，学校，ホテル，農業集落排水施設など）

(6) 処理対象人員（人）

(7) 処理方式（方式）

(8) 性能

　　ア　放流水のBOD〔mg/L〕

　　イ　その他の性能（例：BOD除去率○○％　など）

(9) この浄化槽工事を施工した際の品質管理，安全管理，工程管理について，とった措置または対策を簡潔に記述しなさい.

　　〔○○管理〕

　　〔○○管理〕

2 ▶ 記述上の注意事項

　「最近たずさわった浄化槽工事」とは，工事現場において工程管理，品質管理，安全管理などの施工管理業務を的確に行った経験のことである.

1. 工事名称とは

　【例】　「大久保邸新築工事に伴う浄化槽設置工事」,「山田事務所新築工事に伴う浄化槽設置工事」,「田中商店新築工事に伴う浄化槽設置工事」と固有名詞を記入する.

2. 工事場所とは

　都道府県および市または郡程度まで記入.

　【例】　東京都千代田区や北海道札幌市などを記入する.

3. 完成時期とは

　【例】　平成 30 年 4 月などを記入する.

4. 浄化槽の構造方法による区分とは

　ア，イ，ウのどれか一つを選びに○印を付ける.

　　　ア：国土交通省（旧建設省）告示に示された例示方式

　　　イ：日本農業集落排水協会型又は地域資源循環技術センター型

　　　ウ：上記以外

●国土交通省（旧建設省）告示に示された例示方式は，生活排水（し尿と雑排水）を合併処理浄化槽で処理することで，構造は国土交通省の構造基準による.

●日本農業集落排水協会型または地域資源循環技術センター型は，農村部の集落に対して集落単位で生活排水を処理する施設で，市町村が設置をし，構造的に浄化槽とほぼ同じで，（一社）地域環境資源センターによる JARUS 型という規格がある.

●上記以外とは性能評価型浄化槽であり，最近では 50 人槽以下の新設基数のうち 99％ を占めている.

5. 建築用途とは

　事務所，住宅，学校，ホテル，農業集落排水施設などを記入する.

　注）工事名称が大久保邸新築工事と記述してあるのに，**用途は事務所**としての記述は，つじつまが合わないので注意する. この場合，**住宅**となる.

6. 処理対象人員（人）とは

　○○人で表し，定員や出入する人数とは無関係で，その建築物から排出する汚

5 章

実地試験 ― 施工管理法 ―

学科試験

実地試験

水が1人1日分のし尿量，汚水量あるいは汚濁物質量に換算して何人分に相当するかという数値になる．

7．処理方式（方式）とは

合併型処理，単独型処理，農業集落排水処理がある．単独型は現在正規の浄化槽として認められていないので，新規の設置はできない．したがって，この方式は，答案用紙に記述しないほうがよい．

8．性能とは

放流水のBOD〔mg/L〕は，通常の合併処理浄化槽の場合，放流水はBOD濃度20 mg/L以下，BOD除去率90％以上（浄化槽法施行規則より）であることが定められている．また，設計上は合併処理浄化槽の場合，流入水のBODは200 mg/Lとされていて，流入BODに対し除去率が90％以上ないと放流BOD濃度は20 mg/L以下にはならない．

9．この浄化槽工事を施工した際の品質管理，安全管理について

取った措置または対策は，具体的に書くことが必要で，専門用語と具体的な数値などが記述されていること．また，この問題は**品質管理，安全管理，工程管理**のうち2問が毎年出題されているので，品質，安全，工程のどれが出題されても対応ができる準備をしておくとよい．p.236からの**記述参考事例**を参照のこと．

※ 失敗の内容は点数がもらえないので注意

●品質管理の記述

完成した品質，性能等が設計図書どおりの品質を得るための工夫，各テスト等で気が付いた問題点を記述する．例えば，次のようなものがある．

1）排水管の通水，勾配が確保されているかについて

2）槽の据付け状態について

3）現場加工材料の良否について

4）槽の満水，通水試験，数量調整等について

【参考記述例】

① 配管材料の品質維持対策として，鋼管は雨水などにより腐食しやすいので，直接雨に触れないよう管の下に台木を置き，ビニールシートで養生をした．

② 掘削時に岩石や木の伐根の混入している掘削土は，すべて残土置き場に搬出し，埋戻し土は購入品を使用した．

③ 軟弱地盤箇所の地耐力の確保は，セメント安定処理工法や良質土に置換し，不同沈下を抑え，セメント基礎を設け施工精度を確保した．

④ 作業標準の確立およびチェック機能の確保に留意して，作業員の手直し作

業や手戻り作業を防ぎ，できばえの品質確保を図った．

●安全管理の記述

　作業員，現場関係者，現場近隣の人々に傷害や災害が発生しないように管理することについて記述する．

　1)　器材運搬中の事故防止について

　2)　開口部等からの転落・落下事故防止について

　3)　作業員や場内の関係者，付近の人々の傷害発生防止について

　4)　作業開始前・終了時の安全に関する確認と点検について

【参考記述例】

　①　浄化槽搬入は，クレーンによる搬入方法としたため，クレーン作業時は周囲の安全に配慮し，関係者以外を立入禁止とし，安全監視員を配置した．

　②　毎朝の安全ミーティングで，安全の基本動作から総点検を行い，作業員一人ひとりの意見を取り入れ，現場のマンネリ化状態による事故の防止を図った．

　③　現場の巡視を行うことにより，不安全作業の是正だけでなく，作業員の連携強化を行い，マンネリ状態を排除して，災害を未然に防止した．

　④　足場の作業床は常に点検し，安全帯など保護具の使用状況や不安定状態での作業を，チェックシートによって改善して労働災害防止を行った．

●工程管理の記述

　工程上に問題が発生した場合，原因追究をして解決策を工程上に載せ，状況に合わせた工程計画の制作等について記述する．

　1)　設計図書と作業現場不一致による工程の遅れについて

　2)　施主からの日程短縮の要請による浄化槽作業工程の短縮について

　3)　浄化槽，その他資材の発注・搬入時における工程の工夫について

　4)　天候不順（長雨，台風等）の影響や関連工事の遅れについて

【参考記述例】

　①　他業者と総合工程表に基づき施工順序を打ち合わせし，作業員の適正配置を行い，無理，無駄のない詳細工程表を作成し，進度管理を行った．

　②　作業員の1日平均施工速度を算出し，試運転調整および検査期間を含め，工程表に明記し，作業員に周知させ建築工事との工程調整を行った．

　③　土木工事と並行作業となるので，工程調整を立て，協力会社の労働力を確保し，労務予定表を作成し，工程の合理化を図った．

　④　工程遅れがないように，資材一覧表を作成し，材料管理の徹底を行い，手持ち，手戻りなどのロスを防止し，浄化槽試験工程を確保した．

5章 実地試験―施工管理法―

学科試験

実地試験

235

3 ▶参考例

記述参考例 1 （試験において，参考例をそのまま丸写ししないこと）

あなたが最近たずさわった浄化槽工事について，次の事項を記入しなさい．

(1) 工事名称：<u>田中事務所新築工事に伴う合併処理浄化槽設置工事</u>

(2) 工事場所：<u>神奈川県伊勢原市</u>

(3) 完成時期：<u>平成 30 年 10 月</u>

(4) 浄化槽の構造方法による区分（該当するものを一つ選び○印を付けなさい．）

　　ア　国土交通省（旧建設省）告示に示された例示方式

　　イ　日本農業集落排水協会型または地域資源循環技術センター型

　　（ウ）上記以外

(5) 建築用途：<u>事務所</u>

(6) 処理対象人員（人）：<u>10 人槽（2 m³/日）</u>

(7) 処理方式（方式）：<u>担体流動生物ろ過方式</u>

(8) 性能

　　ア　放流水の BOD：<u>20 mg/L</u>

(9) この浄化槽工事を施工した際の品質管理，安全管理について，とった措置または対策を簡潔に記述しなさい．

〔品質管理〕

　　<u>塩化ビニル管の切断時には，切断面のバリの面取り確認，接着時には継手部分のみ込み確認マーキングを書き込み完了後は目視にて確認した．</u>

〔安全管理〕

　　<u>掘削中の重機災害防止対策として，重機に 1 名の安全監視員を付け，掘削中は，作業員全員に反射する蛍光剤の防護服を着せた．</u>

記述参考例2 （試験において，参考例をそのまま丸写ししないこと）

あなたが最近たずさわった浄化槽工事について，次の事項を記入しなさい．

(1) 工事名称：特別養護老人ホーム新築工事に伴う合併処理浄化槽工事

(2) 工事場所：千葉県木更津市

(3) 完成時期：平成29年8月

(4) 浄化槽の構造方法による区分（該当するものを一つ選び○印を付けなさい．）

　　ア　国土交通省（旧建設省）告示に示された例示方式

　　イ　日本農業集落排水協会型または地域資源循環技術センター型

　　（ウ）上記以外

(5) 建築用途：老人ホーム

(6) 処理対象人員（人）：180人槽（61 m³/日）

(7) 処理方式（方式）：流量調整型担体流動生物ろ過方式

(8) 性能：

　　ア　放流水のBOD：20 mg/L

(9) この浄化槽工事を施工した際の品質管理，安全管理について，とった措置または対策を簡潔に記述しなさい．

〔品質管理〕

　浄化槽の水張は，各部の水平，漏水を確認後，越流せきからの越流が均等になるように調整を行い，満水にして24時間以上漏水していないことを確認した．

〔安全管理〕

　浄化槽の揚重作業中の事故防止として，第三者が近づけないように監視員を2名配置し，吊上げ時は作業半径内を立入禁止とした．

記述参考例3　（試験において，参考例をそのまま丸写ししないこと）

あなたが最近たずさわった浄化槽工事について，次の事項を記入しなさい．

(1)　工事名称：<u>田中倉庫新築工事に伴う合併処理浄化槽設置工事</u>

(2)　工事場所：<u>神奈川県伊勢原市</u>

(3)　完成時期：<u>平成30年9月</u>

(4)　浄化槽の構造方法による区分（該当するものを一つ選び○印を付けなさい．）

　　ア　国土交通省（旧建設省）告示に示された例示方式

　　イ　日本農業集落排水協会型または地域資源循環技術センター型

　　(ウ)　上記以外

(5)　建築用途：<u>事務所，倉庫</u>

(6)　処理対象人員（人）：<u>35人槽（7 m³/日）</u>

(7)　処理方式（方式）：<u>担体流動生物ろ過方式</u>

(8)　性能：

　　ア　放流水のBOD：<u>20 mg/L</u>

(9)　この浄化槽工事を施工した際の工程管理，品質管理について，とった措置または対策を簡潔に記述しなさい．

〔工程管理〕

　<u>建築工事と浄化槽工事が輻輳作業となるので，工期遅延防止対策として，建築と当社の部分工程表を作成し，取合い調整を詳細にわたって打ち合わせた．</u>

〔品質管理〕

　<u>掘削時の深さは，地表面から浄化槽底部までのサイズに，捨てコンクリート5 cm，基礎コンクリート10 cm，砂利地業の厚さ10 cmとして措置をした．</u>

記述参考例4 （試験において，参考例をそのまま丸写ししないこと）

あなたが最近たずさわった浄化槽工事について，次の事項を記入しなさい．

(1) 工事名称：<u>丹沢宿泊研修所新築工事に伴う合併処理浄化槽設置工事</u>

(2) 工事場所：<u>神奈川県足柄上郡</u>

(3) 完成時期：<u>平成29年4月</u>

(4) 浄化槽の構造方法による区分（該当するものを一つ選び○印を付けなさい．）

　　ア　国土交通省（旧建設省）告示に示された例示方式

　　イ　日本農業集落排水協会型または地域資源循環技術センター型

　　(ウ)　上記以外

(5) 建築用途：<u>宿泊施設</u>

(6) 処理対象人員（人）：<u>115人槽（45 m³/日）</u>

(7) 処理方式（方式）：<u>流量調整型接触ばっ気＋活性炭吸着方式</u>

(8) 性能

　　ア　放流水のBOD：<u>20 mg/L</u>

(9) この浄化槽工事を施工した際の工程管理，安全管理について，とった措置または対策を簡潔に記述しなさい．

　　〔工程管理〕

　　<u>先行作業の土木工事が遅れたので，浄化槽工事の着手遅れ防止として，工程調整を行い，資材搬入時期の再確認をし，待ち時間を排除して調整した．</u>

　　〔安全管理〕

　　<u>作業員の健康状態は，毎朝チェックを行い高齢者や風邪を引いている者には負担にならないように軽作業に当たるように指導した．</u>

記述参考例5　(試験において，参考例をそのまま丸写ししないこと)

あなたが最近たずさわった浄化槽工事について，次の事項を記入しなさい.

(1)　工事名称：田中コーヒー店新築工事に伴う合併処理浄化槽設置工事

(2)　工事場所：神奈川県藤沢市

(3)　完成時期：令和1年10月

(4)　浄化槽の構造方法による区分 (該当するものを一つ選び○印を付けなさい.)

　ア　国土交通省 (旧建設省) 告示に示された例示方式

　イ　日本農業集落排水協会型または地域資源循環技術センター型

　(ウ)　上記以外

(5)　建築用途：飲食店

(6)　処理対象人員 (人)：160人槽 (32 m^3/日)

(7)　処理方式 (方式)：流量調整型担体流動生物ろ過方式

(8)　性能

　ア　放流水のBOD：20 mg/L

(9)　この浄化槽工事を施工した際の品質管理，工程管理について，とった措置または対策を簡潔に記述しなさい.

〔品質管理〕

　浄化槽は，製作図および製作仕様を精査して，製作途中での検査と完成後の工場試験検査を行い，品質を確認して発注した.

〔工程管理〕

　不測の降雨および湧水により，掘削工事が遅れたため工程調整が必要となったので，作業日程，工程進捗を確認し作業班を3班として同時施工を行った.

問題 **1**

　下の嫌気ろ床接触ばっ気方式の浄化槽（処理対象人員5人）の断面図を見て，次の設問に答えなさい．

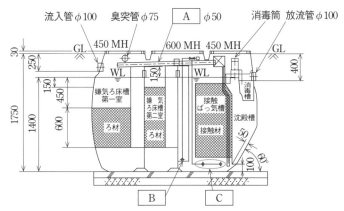

(1)　図中の A～C の名称を記入しなさい．

(2)　以下に示す距離を記入しなさい．ただし，躯体の厚さは無視する．
　① 流入管底と放流管底の落差
　② 沈殿槽の有効水深
　③ 底部からろ材下端までの距離
　④ 嫌気ろ床槽の有効水深
　⑤ 嫌気ろ床槽第二室のろ材上端と水面との距離

(3)　嫌気ろ床槽のろ材の具備すべき条件を三つ記入しなさい．

(4)　接触ばっ気槽の接触材として必要な条件を三つ記入しなさい．

解答

問　題	解　答
（1）	Ａ：汚泥移送管　Ｂ：散気管　Ｃ：逆洗管
（2）	（図5・1参照） ① 流入管底と放流管底の落差：(a)400－(b)250 ＝ 150 ② 沈殿槽の有効水深：(c)1400 －(d)100 ＝ 1300 ③ 底部からろ材下端までの距離：(c)1400 －(e)450 －(f)600 ＝ 350 ④ 嫌気ろ床槽の有効水深：(c)1400 ⑤ 嫌気ろ床槽第二室のろ材上端と水面との距離：(g)150
（3）	① 生物膜が形成しやすい構造とする．② 汚水と生物膜が十分接触できる構造とする．③ 水圧および生物膜の荷重により変形しない構造とする．
（4）	① 強度が強いこと．② 比重が小さいこと．③ 空隙率や比表面積が大きいこと．

　接触材は多種多様にわたって使用されているが，ポリエチレン，ポリプロピレン，塩化ビニルなどの合成樹脂系の素材が多い．

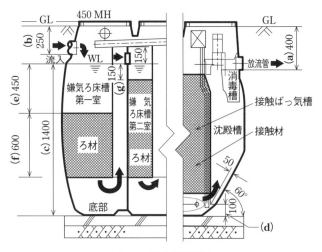

図5·1　浄化槽断面図

問題2

　処理対象人員 31 人 以上の構造例示型浄化槽で適用される下図の沈殿槽に関して，次の設問に答えなさい.

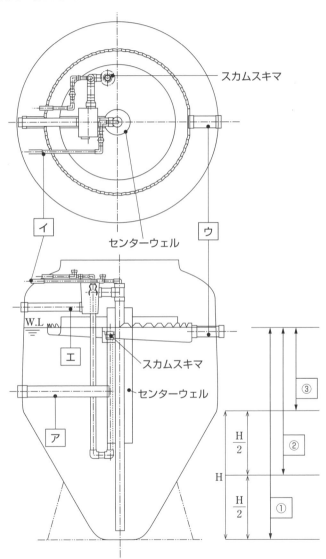

(1) 図中のア，イ，ウ，エのうち，沈殿槽の流入部及び流出部はどれか，記入しなさい.

(2) 図中の①，②，③のうち，有効水深として最も適当なものはどれか，記入しなさい.

(3) センターウェル及びスカムスキマの機能について，簡潔に記入しなさい.

(4) 水面積負荷の説明を簡潔に記入しなさい.

解答

問　題	解　答
(1)	流入部：ア　流出部：ウ
(2)	有効水深は，越流堰からホッパーの半分の高さまでなので②である.
(3)	センターウェル：流入管からの流れを整流し，静かに沈降させる. スカムスキマ：エアリフトポンプにより水面に浮上したスカムを返送する.
(4)	水面積負荷とは，沈殿槽の水面積あたりに流入する日平均汚水量のことで，$m^3/m^2 \cdot$日で表す.

なお，問題（4）については p.62 を参照のこと.

問題 3

戸建て住宅における工場生産品の浄化槽の工事について，次の設問に答えなさい.

(1) 埋戻し工事の前に行う水張りの目的を3つ記入しなさい.

(2) 水替工事における注意点を3つ示しなさい.

解答

問　題	目的または事項
(1)	① 浄化槽本体の位置ずれが起きたり，水平が狂ったりすることを防ぐ. ② 埋め戻すときに，土圧などで浄化槽本体や内部設備の歪みが生じることを防ぐ. ③ 浄化槽本体から漏水が発生していないことを確認する.
(2)	① 周囲の地形，地層の状態，地下水位の状況を事前に調査する. ② 釜場の深さは，0.5〜1.0 m くらいとする. ③ 渇水時に地下水位が下がり，井戸がかれる場合があるので注意する.

水替え工事は，地下水位が高く掘削面から水が出る場合に行う.

浄化槽の工事計画において山留め工事が必要であると判断された場合，事前に確認あるいは調査しておく事項を 6 つ記入しなさい．

解答

事　項
① 掘削箇所の土質．② 地下水位．③ ボイリングの発生．④ ヒービングの発生．⑤ 周囲の建築物からの地盤荷重．⑥ 山留めの工法．

p.155 ～ p.156 を参照のこと

5章　実地試験 ― 施工管理法 ―

問題 5

小型浄化槽のブロワの設置に関して，次の設問に答えなさい．
(1)　ブロワの設置場所として望ましい条件を 4 つ記入しなさい．
(2)　ブロワの据え付けを行う際の留意事項を 2 つ記入しなさい．
(3)　7.5 m³ の接触ばっ気槽をばっ気強度 2.0 m³/(m³·時) でばっ気する場合，このブロワに必要な送風量を記入しなさい．ただし，空気配管等における圧力損失は考慮しないこととする．

解答

問　題	解　答
(1)	① なるべく直射日光を避けられ，風通しの良い場所． ② 水はけがよく湿気が少なく，粉塵の少ない場所． ③ できる限り浄化槽に近く保守点検が容易にできる場所． ④ 運転音の影響を避けるため，寝室，隣家，音が反響するトタン壁等から離れた場所．
(2)	① 10 cm 以上の高さで，しっかりした強度のあるコンクリート基礎とし，据え付け面をモルタルで水平に仕上げる． ② 大型のブロワは，アンカーボルトで基礎としっかり締結し振動防止を図る．
(3)	ばっ気強度は，送風量〔m³/ 時〕／ばっ気槽容量〔m³〕なので， 　　送風量は，7.5〔m³〕× 2.0〔m³/(m³·時)〕= 15.0〔m³/時〕

学科試験　実地試験

問題 6

　流量調整槽が前置された浄化槽の「移送ポンプ」及び「制御盤」における，試運転時のチェック項目を3つずつ記入しなさい．

解答

確認事項	チェック項目
移送ポンプ	① 計量調整移送装置の移送水量は適切か． ② 各フロートスイッチ水位で正常に作動するか． ③ フロートスイッチの設定水位は槽有効容量どおり適正か．
制御盤	① 漏電はないか． ② 電流計に異常はないか． ③ タイマー，リレーなどが正常に作動するか．

問題 7

　戸建て住宅に工場生産品の浄化槽を設置する場合について，次の設問に答えなさい．
(1)　浄化槽の設置場所を決定するにあたり留意すべき事項を3つ記入しなさい．
(2)　施工前に現場で行う浄化槽の内部設備の検査内容を3つ記入しなさい．

解答

問題	解答
(1)	① 流入管渠が長いと浄化槽の深埋めが必要になるので，できるだけ長くならないように設置する． ② 車庫，物置，その他の建築物内の設置は，臭気が問題となるので避ける． ③ 保守点検や清掃作業を実施しづらい場所への設置は避ける．
(2)	① 各配管の取り付け位置が適切で，接続部のゆるみ，変形，破損がないか． ② ろ材，接触材の変形，破損がなくしっかりと取付けられているか． ③ 越流堰の可動部や支持具類などネジが用いられているところのゆるみはないか．

参考資料集

1. 構造基準による合併処理浄化槽の基本的なフローシート

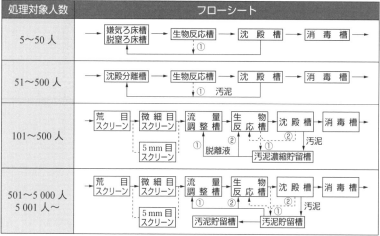

処理対象人数	フローシート
5〜50 人	→ 嫌気ろ床槽 脱窒ろ床槽 → 生物反応槽 → 沈殿槽 → 消毒槽 → （①）
51〜500 人	→ 沈殿分離槽 → 生物反応槽 → 沈殿槽 → 消毒槽 → （① 汚泥）
101〜500 人	→ 荒目スクリーン → 微細目スクリーン → 流量調整槽 → 生物反応槽 → 沈殿槽 → 消毒槽 → （5 mm目スクリーン ① 脱離液 ② 汚泥濃縮貯留槽 ②汚泥）
501〜5 000 人 5 001 人〜	→ 荒目スクリーン → 微細目スクリーン → 流量調整槽 → 生物反応槽 → 沈殿槽 → 消毒槽 → （5 mm目スクリーン ① 汚泥貯留槽 ← 汚泥貯留槽 ①汚泥）

（注）①生物膜法，②活性汚泥法

2. 浄化槽の告示 1292 号

告示区分	性　　能					処　理　方　式	処理対象人数						
	BOD濃度 mg/l	COD濃度 mg/l	T-N濃度 mg/l	T-P濃度 mg/l	大腸菌群数 1 cm³につき個		5	50	100	200	500	2000	5000
第 1 ─ ─	20 以下	─	─	─	3 000 以下	分解接触ばっ気	■						
二			─			嫌気ろ床接触ばっ気							
三			20 以下			脱窒ろ床接触ばっ気							
第 6 ─ ─	20 以下	30 以下	─	─	3 000 以下	回転板接触							
二						接触ばっ気							
四						長時間ばっ気							
第 7 ─ ─	10 以下	15 以下	─	─	3 000 以下	接触ばっ気・ろ過							
二						凝集分離							
第 8 ─ ─	10 以下	10 以下	─	─	3 000 以下	接触ばっ気・活性炭吸着							
二						凝集分離・活性炭吸着							
第 9 ─ ─	10 以下	15 以下	20 以下	1 以下	3 000 以下	☆硝化液循環活性汚泥							
二						三次処理脱窒・脱燐							
第 10 ─ ─	10 以下	15 以下	15 以下	1 以下	3 000 以下	☆硝化液循環活性汚泥							
二						三次処理脱窒・脱燐							
第 11 ─ ─	10 以下	15 以下	10 以下	1 以下	3 000 以下	☆硝化液循環活性汚泥							
二						三次処理脱窒・脱燐							

（注）第 9, 10, 11 の硝化液循環活性汚泥方式においては日平均汚水量が 10 m³ 以上に限る.

3. 人の健康の保護に関する環境基準（抜粋）

項目	基準値	測定方法
カドミウム	0.003 mg/L 以下	日本工業規格 K 0102（以下「規格」という.）55.2, 55.3 又は 55.4 に定める方法
全シアン	検出されないこと.	規格 38.1.2 及び 38.2 に定める方法，規格 38.1.2 及び 38.3 に定める方法又は規格 38.1.2 及び 38.5 に定める方法
鉛	0.01 mg/L 以下	規格 54 に定める方法
六価クロム	0.05 mg/L 以下	規格 65.2 に定める方法（ただし，規格 65.2.6 に定める方法により汽水又は海水を測定する場合にあつては，日本工業規格 K 0170-7 の 7 の a) 又は b) に定める操作を行うものとする.）
砒素	0.01 mg/L 以下	規格 61.2, 61.3 又は 61.4 に定める方法
総水銀	0.0005 mg/L 以下	付表 1 に掲げる方法
アルキル水銀	検出されないこと.	付表 2 に掲げる方法
PCB	検出されないこと.	付表 3 に掲げる方法
ジクロロメタン	0.02 mg/L 以下	日本工業規格 K 0125 の 5.1, 5.2 又は 5.3.2 に定める方法
四塩化炭素	0.002 mg/L 以下	日本工業規格 K 0125 の 5.1, 5.2, 5.3.1, 5.4.1 又は 5.5 に定める方法
1,2-ジクロロエタン	0.004 mg/L 以下	日本工業規格 K 0125 の 5.1, 5.2, 5.3.1 又は 5.3.2 に定める方法
1,1,2-トリクロロエタン	0.006 mg/L 以下	日本工業規格 K 0125 の 5.1, 5.2, 5.3.1, 5.4.1 又は 5.5 に定める方法
トリクロロエチレン	0.01 mg/L 以下	日本工業規格 K 0125 の 5.1, 5.2, 5.3.1, 5.4.1 又は 5.5 に定める方法
テトラクロロエチレン	0.01 mg/L 以下	日本工業規格 K 0125 の 5.1, 5.2, 5.3.1, 5.4.1 又は 5.5 に定める方法
1,3-ジクロロプロペン	0.002 mg/L 以下	日本工業規格 K 0125 の 5.1, 5.2 又は 5.3.1 に定める方法
チウラム	0.006 mg/L 以下	付表 4 に掲げる方法
シマジン	0.003 mg/L 以下	付表 5 の第 1 又は第 2 に掲げる方法
チオベンカルブ	0.02 mg/L 以下	付表 5 の第 1 又は第 2 に掲げる方法
ベンゼン	0.01 mg/L 以下	日本工業規格 K 0125 の 5.1, 5.2 又は 5.3.2 に定める方法
セレン	0.01 mg/L 以下	規格 67.2, 67.3 又は 67.4 に定める方法
硝酸性窒素及び亜硝酸性窒素	10 mg/L 以下	硝酸性窒素にあつては規格 43.2.1, 43.2.3, 43.2.5 又は 43.2.6 に定める方法，亜硝酸性窒素にあつては規格 43.1 に定める方法
ふっ素	0.8 mg/L 以下	規格 34.1 若しくは 34.4 に定める方法又は規格 34.1 c)（注(6)第三文を除く.）に定める方法（懸濁物質及びイオンクロマトグラフ法で妨害となる物質が共存しない場合にあつては，これを省略することができる.）及び付表 6 に掲げる方法
ほう素	1 mg/L 以下	規格 47.1, 47.3 又は 47.4 に定める方法
1,4-ジオキサン	0.05 mg/L 以下	付表 7 に掲げる方法

備考
1　基準値は年間平均値とする．ただし，全シアンに係る基準値については，最高値とする．
2　「検出されないこと」とは，測定方法の項に掲げる方法により測定した場合において，その結果が当該方法の定量限界を下回ることをいう．別表 2 において同じ．
3　海域については，ふっ素及びほう素の基準は適用しない．
4　硝酸性窒素及び亜硝酸性窒素の濃度は，規格 43.2.1, 43.2.3, 43.2.5 又は 43.2.6 により測定された硝酸イオンの濃度に換算係数 0.2259 を乗じたものと規格 43.1 により測定された亜硝酸イオンの濃度に換算係数 0.3045 を乗じたものの和とする．

4. 浄化槽法施行規則　第 1 章 浄化槽の保守点検及び清掃等

第二条（保守点検の技術上の基準）　法第四条第七項の規定による浄化槽の保守点検の技術上の基準は，次のとおりとする．

一　浄化槽の正常な機能を維持するため，次に掲げる事項を点検すること．

　イ　第一条の準則の遵守の状況

　ロ　流入管きよと槽の接続及び放流管きよと槽の接続の状況

　ハ　槽の水平の保持の状況

　ニ　流入管きよにおけるし尿，雑排水等の流れ方の状況

　ホ　単位装置及び附属機器類の設置の位置の状況

　ヘ　スカムの生成，汚泥等の堆積，スクリーンの目づまり，生物膜の生成その他単位装置及び附属機器類の機能の状況

二　流入管きよ，インバート升，移流管，移流口，越流ぜき，流出口及び放流管きよに異物等が付着しないようにし，並びにスクリーンが閉塞しないようにすること．

三　流量調整タンク又は流量調整槽及び中間流量調整槽にあつては，ポンプ作動水位及び計量装置の調整を行い，汚水を安定して移送できるようにすること．

四　ばつ気装置及びかくはん装置にあつては，散気装置が目づまりしないようにし，又は機械かくはん装置に異物等が付着しないようにすること．

五　駆動装置及びポンプ設備にあつては，常時又は一定の時間ごとに，作動するようにすること．

六　嫌気ろ床槽及び脱窒ろ床槽にあつては，死水域が生じないようにし，及び異常な水位の上昇が生じないようにすること．

七　接触ばつ気室又は接触ばつ気槽，硝化用接触槽，脱窒用接触槽及び再ばつ気槽にあつては，溶存酸素量が適正に保持されるようにし，及び死水域が生じないようにすること．

八　ばつ気タンク，ばつ気室又はばつ気槽，流路，硝化槽及び脱窒槽にあつては，溶存酸素量及び混合液浮遊物質濃度が適正に保持されるようにすること．

九　散水ろ床型二次処理装置又は散水ろ床にあつては，ろ床に均等な散水が行われ，及びろ床に嫌気性変化が生じないようにすること．

十　平面酸化型二次処理装置にあつては，流水部に均等に流水するようにし，及び流水部に異物等が付着しないようにすること．

十一　汚泥返送装置又は汚泥移送装置及び循環装置にあつては，適正に作動するようにすること．

十二　砂ろ過装置及び活性炭吸着装置にあつては，通水量が適正に保持され，及びろ材又は活性炭の洗浄若しくは交換が適切な頻度で行われるようにすること．

十三　汚泥濃縮装置及び汚泥脱水装置にあつては，適正に作動するようにすること．

十四　吸着剤，凝集剤，水素イオン濃度調整剤，水素供与体その他の薬剤を使用する場合には，その供給量を適度に調整すること．

十五　悪臭並びに騒音及び振動により周囲の生活環境を損なわないようにし，及び蚊，はえ等の発生の防止に必要な措置を講じること．

十六　放流水（地下浸透方式の浄化槽からの流出水を除く）は，環境衛生上の支障が生じないように消毒されるようにすること．

十七　水量又は水質を測定し，若しくは記録する機器にあつては，適正に作動するようにすること．

十八　前各号のほか，浄化槽の正常な機能を維持するため，必要な措置を講じること．

第三条（清掃の技術上の基準）　法第四条第八項の規定による浄化槽の清掃の技術上の基準は，次のとおりとする.
　一　多室型，二階タンク型又は変型二階タンク型一次処理装置，沈殿分離タンク又は沈殿分離室，多室型又は変型多室型腐敗室，単純ばつ気型二次処理装置，別置型沈殿室，汚泥貯留タンクを有しない浄化槽の沈殿池及び汚泥貯留タンク又は汚泥貯留槽の汚泥，スカム，中間水等の引き出しは，全量とすること.
　二　汚泥濃縮貯留タンク又は汚泥濃縮貯留槽の汚泥，スカム等の引き出しは，脱離液を流量調整槽，脱窒槽又はばつ気タンク若しくはばつ気槽に移送した後の全量とすること.
　三　嫌気ろ床槽及び脱窒ろ床槽の汚泥，スカム等の引き出しは，第一室にあつては全量とし，第一室以外の室にあつては適正量とすること.
　四　二階タンク，沈殿分離槽，流量調整タンク又は流量調整槽，中間流量調整槽，汚泥移送装置を有しない浄化槽の接触ばつ気室又は接触ばつ気槽，回転板接触槽，凝集槽，汚泥貯留タンクを有する浄化槽の沈殿池，重力返送式沈殿槽又は重力移送式沈殿室若しくは重力移送式沈殿槽及び消毒タンク，消毒室又は消毒槽の汚泥，スカム等の引き出しは，適正量とすること.
　五　汚泥貯留タンクを有しない浄化槽のばつ気タンク，流路及びばつ気室の汚泥の引き出しは，張り水後のばつ気タンク，流路及びばつ気室の混合液浮遊物質濃度が適正に保持されるように行うこと.
　六　前各号に規定する引き出しの後，必要に応じて単位装置及び附属機器類の洗浄，掃除等を行うこと.
　七　散水ろ床型二次処理装置又は散水ろ床及び平面酸化型二次処理装置にあつては，ろ床の生物膜の機能を阻害しないように，付着物を引き出し，洗浄すること.
　八　地下砂ろ過型二次処理装置にあつては，ろ層を洗浄すること.
　九　流入管きよ，インバート升，スクリーン，排砂槽，移流管，移流口，越流ぜき，散気装置，機械かくはん装置，流出口及び放流管きよにあつては，付着物，沈殿物等を引き出し，洗浄，掃除等を行うこと.
　十　槽内の洗浄に使用した水は，引き出すこと．ただし，嫌気ろ床槽，脱窒ろ床槽，消毒タンク，消毒室又は消毒槽以外の部分の洗浄に使用した水は，一次処理装置，二階タンク，腐敗室又は沈殿分離タンク，沈殿分離室若しくは沈殿分離槽の張り水として使用することができる.
　十一　単純ばつ気型二次処理装置，流路，ばつ気室，汚泥貯留タンクを有しない浄化槽のばつ気タンク，汚泥移送装置を有しない浄化槽の接触ばつ気室又は接触ばつ気槽，回転板接触槽，凝集槽，汚泥貯留タンクを有しない浄化槽の沈殿池及び別置型沈殿室の張り水には，水道水等を使用すること.
　十二　引き出し後の汚泥，スカム等が適正に処理されるよう必要な措置を講じること.
　十三　前各号のほか，浄化槽の正常な機能を維持するため，必要な措置を講じること.

5. 処理対象人員算定表

処理対象人員算定表　建築物の用途別によるし尿浄化槽の処理対象人員算定基準
(日本工業規格 JIS A3302・2000)

類似用途別	建築用途			処理対象人員 算定式	処理対象人員 算定単位
1 集会場施設関係	イ	公会堂・集会場・劇場・映画館・演芸場		$n = 0.08A$	n：人員〔人〕　A：延べ面積〔m²〕
	ロ	競輪場・競馬場・競艇場		$n = 16C$	n：人員〔人〕　C(注1)：総便器数〔個〕
	ハ	観覧場・体育館		$n = 0.065A$	n：人員〔人〕　A：延べ面積〔m²〕
2 住宅施設関係	イ	住宅	$A \leqq 130$(注2)の場合	$n = 5$	n：人員〔人〕　A：延べ面積〔m²〕
			130(注2)$< A$の場合	$n = 7$	
			(2世帯住宅の場合)	$(n = 10)$	
	ロ	共同住宅		$n = 0.05A$	n：人員〔人〕　ただし，1戸当たりnが，3.5人以下の場合は1戸当たりのnを3.5人または2人(1戸が1居室(注3)だけで構成されている場合に限る)とし，1戸当たりのnが6人以上の場合は1戸当たりのnを6人とする．　A：延べ面積〔m²〕
	ハ	下宿・寄宿舎		$n = 0.07A$	n：人員〔人〕　A：延べ面積〔m²〕
	ニ	学校寄宿舎・自衛隊キャンプ宿舎・老人ホーム・養護施設		$n = P$	n：人員〔人〕　P：定員〔人〕
3 宿泊施設関係	イ	ホテル・旅館	結婚式場・宴会場あり	$n = 0.15A$	n：人員〔人〕　A：延べ面積〔m²〕
			結婚式場・宴会場なし	$n = 0.075A$	n：人員〔人〕　A：延べ面積〔m²〕
	ロ	モーテル		$n = 5R$	n：人員〔人〕　R：客室数〔人〕
	ハ	簡易宿泊所・合宿所・ユースホステル・青年の家		$n = P$	n：人員〔人〕　P：定員〔人〕
4 医療施設関係	イ	病院・療養所・伝染病院	業務用の厨房設備又は洗濯施設を設ける場合　300床未満の場合	$n = 8B$	n：人員〔人〕　B：ベッド数〔床〕
			300床以上の場合	$n = 11.43(B - 300) + 2\,400$	
			業務用の厨房設備又は洗濯施設を設けない場合　300床未満の場合	$n = 5B$	
			300床以上の場合	$n = 7.14(B - 300) + 1\,500$	
	ロ	診療所・医院		$n = 0.19A$	n：人員〔人〕　A：延べ面積〔m²〕
5 店舗関係	イ	店舗・マーケット		$n = 0.075A$	n：人員〔人〕　A：延べ面積〔m²〕
	ロ	百貨店		$n = 0.15A$	
	ハ	飲食店	一般の場合	$n = 0.72A$	
			汚濁負荷の高い場合	$n = 2.94A$	
			汚濁負荷の低い場合	$n = 0.55A$	
	ニ	喫茶店		$n = 0.80A$	
6 娯楽施設関係	イ	玉突場・卓球場		$n = 0.075A$	n：人員〔人〕　A：延べ面積〔m²〕
	ロ	パチンコ店		$n = 0.11A$	
	ハ	囲碁クラブ・マージャンクラブ		$n = 0.15A$	
	ニ	ディスコ		$n = 0.50A$	
	ホ	ゴルフ練習場		$n = 0.25S$	n：人員〔人〕　S：打席数〔席〕
	ヘ	ボーリング場		$n = 2.50L$	n：人員〔人〕　L：レーン数〔レーン〕

処理対象人員算定表（つづき）

類似用途別	建築用途				処理対象人員 算定式	処理対象人員 算定単位
6 娯楽施設関係	ト	バッティング場			$n=0.20S$	n：人員〔人〕 S：打席数〔席〕
	チ	テニス場	ナイター設備有		$n=3S$	n：人員〔人〕 S：コート数〔面〕
			ナイター設備無		$n=2S$	
	リ	遊園地・海水浴場			$n=16C$	n：人員〔人〕 C(注1)：総便器数〔個〕
	ヌ	プール・スケート場			$n=\dfrac{20C+120U}{8}\times t$	n：人員〔人〕 C：大便器数〔個〕 U(注4)：小便器数〔個〕 t：単位便器当たり1日平均使用時間（時間）$t=1.0\sim2.0$
	ル	キャンプ場			$n=0.56P$	n：人員〔人〕 P：収容人数〔人〕
	ヲ	ゴルフ場			$n=21H$	n：人員〔人〕 H：ホール数〔ホール〕
7 駐車場関係	イ	サービスエリア	便所	一般部	$n=3.60P$	n：人員〔人〕 P：駐車ます数〔ます〕
				観光部	$n=3.83P$	
				売店なしPA	$n=2.55P$	
			売店	一般部	$n=2.66P$	
				観光部	$n=2.81P$	
	ロ	駐車場・自動車車庫			$n=\dfrac{20C+120U}{8}\times t$	n：人員〔人〕 C：大便器数〔個〕 U(注4)：小便器数〔個〕 t：単位便器当たり1日平均使用時間（時間）$t=0.4\sim2.0$
	ハ	ガソリンスタンド			$n=20$	n：人員〔人〕 1営業所当たり
8 学校施設関係	イ	保育所・幼稚園・小学校・中学校			$n=0.20P$	n：人員〔人〕 P：定員〔人〕
	ロ	高等学校・大学・各種学校			$n=0.25P$	
	ハ	図書館			$n=0.08P$	n：人員〔人〕 A：延べ面積〔m²〕
9 事務関係	イ	事務所	厨房設備有		$n=0.075A$	n：人員〔人〕 A：延べ面積〔m²〕
			厨房設備無		$n=0.06A$	
10 作業関係		工場・作業所 研究所・試験場	厨房設備有		$n=0.75A$	n：人員〔人〕 P：定員〔人〕
			厨房設備無		$n=0.30P$	
11 1～10の用途に属さない施設	イ	市場			$n=0.02A$	n：人員〔人〕 A：延べ面積〔m²〕
	ロ	公衆浴場			$n=0.17A$	
	ハ	公衆便所			$n=16C$	n：人員〔人〕 C(注1)：総便器数〔個〕
	ニ	駅 バスターミナル	$P<100\,000$ の場合		$n=0.008P$	n：人員〔人〕 P：乗降客数〔人/日〕
			$100\,000\leqq P<200\,000$ の場合		$n=0.010P$	
			$200\,000\leqq P$ の場合		$n=0.013P$	

注1　大便器数・小便器および両用便器数を合計した便器数.
注2　この値は，当該地域における住宅の一戸当たりの平均的な延べ面積に応じて，増減できるものとする.
注3　居室とは，建築基準法による用語の定義でいう居室であって，居住，執務，作業，集会，娯楽その他これら に類する目的のために継続的に使用する室をいう．ただし，共同住宅における台所および食事室を除く.
注4　女子専用便所にあっては，便器数のおおむね1/2を小便器とみなす.

索　引

255

〈著者略歴〉

奥村章典（おくむら　あきのり）
平成元年　明治大学工学部工業化学科卒業
現　　在　株式会社 オーサン 代表取締役

打矢瀅二（うちや　えいじ）
昭和44年　関東学院大学工学部
　　　　　建築設備工学科卒業
現　　在　ユーチャンネル 代表
　　　　　1級管工事施工管理技士
　　　　　建築設備士

山田信亮（やまだ　のぶあき）
昭和44年　関東学院大学工学部
　　　　　建築設備工学科卒業
現　　在　株式会社團紀彦建築設計事務所
　　　　　一級建築士
　　　　　専攻建築士（教育・研究分野）
　　　　　1級管工事施工管理技士

今野祐二（こんの　ゆうじ）
昭和59年　八戸工業大学産業機械工業科卒業
現　　在　専門学校東京テクニカルカレッジ
　　　　　建築設備士

これだけマスター
浄化槽設備士試験（改訂2版）

2014年3月25日　　第1版第1刷発行
2021年3月20日　　改訂2版第1刷発行
2023年4月10日　　改訂2版第3刷発行

著　　者　奥村章典・山田信亮
　　　　　打矢瀅二・今野祐二
発行者　　村上和夫
発行所　　株式会社 オーム社
　　　　　郵便番号　101-8460
　　　　　東京都千代田区神田錦町3-1
　　　　　電話　03(3233)0641(代表)
　　　　　URL　https://www.ohmsha.co.jp/

© 奥村章典・山田信亮・打矢瀅二・今野祐二 2021

印刷　中央印刷　　製本　協栄製本
ISBN978-4-274-22688-5　Printed in Japan

本書の感想募集　https://www.ohmsha.co.jp/kansou/
本書をお読みになった感想を上記サイトまでお寄せください．
お寄せいただいた方には，抽選でプレゼントを差し上げます．

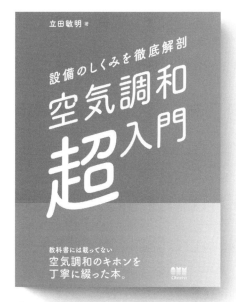